《中国大百科全书》青少年拓展阅读版

异想天开

中外天文简史

中国大百科全书出版社

图书在版编目（CIP）数据

异想天开·中外天文简史／《中国大百科全书》青少年拓展阅读版编委会编. --北京：中国大百科全书出版社，2019.9

（中国大百科全书：青少年拓展阅读版）

ISBN 978-7-5202-0606-8

Ⅰ.①异… Ⅱ.①中… Ⅲ.①天文学史－世界－青少年读物 Ⅳ.①P1-091

中国版本图书馆CIP数据核字（2019）第209337号

出 版 人：刘国辉

策划编辑：裴菲菲

责任编辑：裴菲菲

装帧设计：WONDERLAND Book design 仙境 QQ:344581934

责任印制：邹景峰

出版发行：中国大百科全书出版社

地　　址：北京阜成门北大街17号　　邮编：100037

网　　址：http：//www.ecph.com.cn　　电话：010-88390718

图文制作：北京鑫联必升文化发展有限公司

印　　刷：蠡县天德印务有限公司

字　　数：120千字

印　　数：1～10000

印　　张：8

开　　本：710mm×1000mm　1/16

版　　次：2019年9月第1版

印　　次：2020年1月第1次印刷

书　　号：ISBN 978-7-5202-0606-8

定　　价：32.00元

序

百科全书（encyclopedia）是概要介绍人类一切门类知识或某一门类知识的工具书。现代百科全书的编纂是西方启蒙运动的先声，但百科全书的现代定义实际上源自人类文明的早期发展方式：注重知识的分类归纳和扩展积累。对知识的分类归纳关乎人类如何认识所处身的世界，所谓“辨其品类”“命之以名”，正是人类对日月星辰、草木鸟兽等万事万象基于自我理解的创造性认识，人类从而建立起对应于物质世界的意识世界。而对知识的扩展积累，则体现出在社会的不断发展中人类主体对信息广博性的不竭追求，以及现代科学观念对知识更为深入的秩序性建构。这种广博系统的知识体系，是一个国家和一个时代科学文化高度发展的标志。

中国古代类书众多，但现代意义上的百科全书事业开创于1978年，中国大百科全书出版社的成立即肇基于此。百科社在党中央、国务院的高度重视和支持下，于1993年出版了《中国大百科全书》（第一版）（74卷），这是中国第一套按学科分卷的大百科全书，结束了中国没有自己的百科全书的历史；2009年又推出了《中国大百科全书》（第二版）（32卷），这是中国第一部采用汉语拼音为序、与国际惯例接轨的现代综合性百科全书。两版百科全书用时三十年，先后共有三万多名各学科各领域最具代表性的专家学者参与其中。目前，中国大百科全书出版社继续致力于《中国大百科全书》（第三版）这一数字化时代新型百科全书的编纂工作，努力构建基于信息化技术和互联网，进行知识生产、分发和传播的国家大型公共知识服务平台。

从图书纸质媒介到公共知识平台，这一介质与观念的变化折射出知识在当代的流动性、开放性、分享性，而努力为普通人提供整全清晰的知识脉络和日常应用的资料检索之需，正愈加成为传统百科全书走出图书馆、服务不同层级阅读人群的现实要求与自我期待。

《〈中国大百科全书〉青少年拓展阅读版》正是在这样的期待中应运而生的。本套丛书依据《中国大百科全书》（第一版）及《中国大百科全书》（第二版）内容编选，在强调知识内容权威准确的同时力图实现服务的分众化，为青少年拓展阅读提供一套真正的校园版百科全书。从书首先参照学校教育中的学科划分确定知识领域，然后在各类知识领域中梳理不同知识脉络作为分册依据，使各册的条目更紧密地结合学校课程与考纲的设置，并侧重编选对于青少年来说更为基础性和实用性的条目。同时，在条目中插入便于理解的图片资料，增加阅读的丰富性与趣味性；封面装帧也尽量避免传统百科全书“高大上”的严肃面孔，设计更为青少年所喜爱的阅读风格，为百科知识向未来新人的分享与传递创造更多的条件。

百科全书是蔚为壮观、意义深远的国家知识工程，其不仅要体现当代中国学术积累的厚度与知识创新的前沿，更要做好为未来中国培育人才、启迪智慧、普及科学、传承文化、弘扬精神的工作。《〈中国大百科全书〉青少年拓展阅读版》愿做从百科全书大海中取水育苗的“知识搬运工”，为中国少年睿智卓识的迸发尽心竭力。

本书编委会
2019 年 9 月

目录

第一章 百家争鸣——古代和中世纪天文学

第二章 放彩历程——近现代天文学史

第三章 古典星象——中国古代天文学名词

第八章 天文“星”河——世界著名的天文学家

第一章 百家争鸣——古代和中世纪天文学

在宇宙的探索历程中，各种学术理论层出不穷，可谓百家争鸣。人类在不断的探索中，摒弃了“地心说”“本轮均轮说”等不同历史时期出现的“假说”，到现代人们普遍认同“日心说”理论。从古至今，人类在不断淘汰“假说”，但是各个时期对宇宙的探索，对天文学的科学发展都是有益的。至今，人类对宇宙的探索也从未停止……

[一、考古天文学]

天文学史领域中新近发展起来的一个分支，它使用考古学的手段和天文学的方法来研究古代人类文明的各种遗址和遗物，从中探索有关古代天文学方面的内容及其发展状况。史前时期尚无文字，考古材料是了解当时人类文明的最主要的依据，因此考古天文学较多地注意史前时期。但是在有史阶段，考古发掘所得的有关天文学内容的非文字资料，也是考古天文学的研究对象，所以考古天文学是考古学和天文学相结合的产物。它对天文学史的研究有很大意义，对考古学乃至现代天文学也有一定意义。

考古天文学的兴起，始于对英国索尔兹伯里以北的古代巨石建筑遗址，即著名的巨石阵所进行的研究。早在两百多年前就有人注意到，巨石阵的主轴线指向夏至时日出的方位，其中有两块石头（现在的标号为94号和93号）的连线指向冬至时日落的方向。20世纪初，英国天文学家洛基尔进一步研究了巨石阵。他提出，从巨石阵中心望去，有一块石头（93号），正指向5月6日和8月8日日落的位置；而另一块石头（91号），则指向2月5日和11月8日日出的位置。因此他推论，在建巨石阵的时代（约公元前2000年）已有一年分八个节气的历法。他的工作引起了许多天文学家和考古学家的注意。人们猜测，巨石阵是远古人类为观测天象而建造的。于是，对巨石阵进行了多次发掘。60年代初，纽汉提出他找到了指向春分日和秋分日日出方位的标志，并提出，91、92、93、94号四块石头构成一个矩形。矩形的长边指向月亮的最南升起点和最北下落点的方位。差不多同时，天文学家霍金斯使用电子计算机对巨石阵中大量石头构成的各种指向线进行了分析计算，又找出许多新的指示日、月出没方位的指向线。考虑到现存的巨石阵遗址是分三次、前后相隔几个世纪建造的，而每次建造中都有指向日、月出没方位的指向线，因此霍金斯认为，巨石阵是古人有意建造的观测太阳、月亮的观象台。他甚至认为，巨石阵中56个围成一个圆圈的奥布里洞能用来预报月食。后来天文学家霍伊尔更认为巨石阵能预报日食。

除了巨石阵以外，人们还注意到其他许多的巨石结构和古代建筑。英国工程学教授汤姆自20世纪30年代起对大量巨石遗址进行了勘测工作。他发现除了圆形的巨石阵外，还有卵形、扁圆形、椭圆形及排成直线的巨石建筑。

他在 60 年代提出，这些巨石遗址或者自身或者与附近突出的自然地貌结合，构成指示日、月出没方位的指向线。他认为在石器时代和青铜器时代早期，人类已经有较多的几何学知识，已能预报日食和月食，并能区分出在一回归年中太阳赤纬变化的十六个相等的间隔，即一年有十六个节气。

上述对巨石阵等的天文学研究并不是完全没有争议的。特别对于能预报日食和月食等结论，有不少人持保留态度。但是，古代建筑中存在着有天文学意义的指向线，这一点却得到越来越多的天文学家和考古学家的支持。继英国之后，欧美许多国家的天文学家纷纷致力于寻找古代文化遗址中的这类天文指向线。美国印第安人的“魔轮”（一种用小石块在平地上砌成的两重圆形堆砌物，在外重圆周有 6 个石堆）、中美洲玛雅人的遗址等等，都有人研究过。例如，美国天文学家埃迪就亲自作过观测，认为印第安“魔轮”中有一条指向线指示夏至时日出的方位，还有一些线指示某几颗亮星的出没方位等。总之，考古天文学的研究范围不断扩大，从建筑遗址扩大到诸如岩石上的石雕画之类。随着考古天文学研究的发展，出现了专门的学术组织，例如，美国的考古天文学中心（设在马里兰大学内），这个中心还出版了专门的刊物《考古天文学》。

英国巨石阵

在中国，考古学和天文学的结合经历了一条稍为不同的道路。中国的考古学家和天文学家，把注意力主要集中在具有天文学内容的大量出土文物上。由于地下文物大量出土，从中得到的古代天文学信息是极为丰富的。例如，今天对战国秦汉时代天文学发展状况的了解，大部分应归功于几座战国墓和汉墓的发掘。考古学家还注意到史前时期人类遗存中的天文学内容。例如，通过对石器时代墓葬方向的考察，探讨远古人类已可能有某种方法测定太阳出没方位；研究陶器上具有天文学意义的图案、刻纹；等等。为了总结和推进对具有天文学意义的古代物质遗存所进行的研究工作，中国社会科学院考古研究所编辑了《中国古代天文文物图集》和《中国古代天文文物研究论文集》两书。

[二、埃及古代天文学]

公元前 3000 年左右，上埃及国王美尼斯统一埃及。从此，埃及历史始有文字记录可考。到公元前 332 年被马其顿王亚历山大征服为止，埃及共经历 31 个王朝，第三王朝到第六王朝（约前 27 世纪～前 22 世纪）文化最为繁荣。埃及对于数学、医学和天文学的重要贡献，都产生在这一时期。闻名世界的金字塔也是在这一时期建造的。据近代测量，最大的金字塔底座的南北方向非常准确，在当时没有罗盘的条件下，必然是用天文方法测量的。最大的一座金字塔在北纬 30° 线南边 2 千米的地方，塔的北面正中有一入口，从那里走进地下宫殿的通道，和地平线恰成 30° 的倾角，正好对着当时的北极星。

从埃及出土棺盖上所画的星图可以确定，他们认识的星还有天鹅、牧夫、仙后、猎户、天蝎、白羊和昴星等。古埃及人认星最大的特征是将赤道附近的星分为 36 组，每组可能是几颗星，也可能是一颗星。每组管 10 天，所以叫旬星。当一组星在黎明前恰好升到地平线上时，就标志着这一旬的到来。现已发现的最早的旬星文物属于第三王朝。

埃及胡夫金字塔

合三旬为一月，合四月为一季，合三季为一年，是埃及最早的历法。三个季度的名称是：洪水季、冬季和夏季，冬季播种，夏季收获。在古王国时代，一年中当天狼星清晨出现在东方地平线上的时候，尼罗河就开始泛滥。古埃及人根据对天狼偕日升和尼罗河泛滥的周期进行了长期观测，把一年由360日增加为365日。这就是现在阳历的来源。但是这与实际周期每年仍约有0.25日之差。如果一年年初第一天黎明前天狼星与太阳同时从东方升起，120年后就要相差1个月，到第1461年又恢复原状，天狼星又与日偕出，埃及人把这个周期叫作天狗周，因为天狼星在埃及叫天狗。

据研究，埃及除这种民用的阳历外，还有一种为了宗教祭祀而杀羊告朔的阴阳历。在卡尔斯堡纸草书第九号中有这样一条记载：

25埃及年＝309月＝9125日

从这条记载就可看出：1年＝365日，1朔望月＝29.5307日，25年中有9个闰月。

古埃及人分昼夜各为12小时，从日出到日落为昼，从日落到日出为夜，因此1小时的长度是随着季节变迁而不同的。为了表示这种长度不等的时间，埃及人把漏壶的形状做成截头圆锥体，在不同季节用不同高度的流水量。

除圭表和日晷外，埃及还有夜间用的一种特殊天文仪器，名叫麦开特。它的结构很简单：把一块中间开缝的平板沿南北方向架在一根柱子上，从板缝中可知某星过子午线的时刻，又从星与平板所成的角度知道它的地平高度。现今发现的麦开特，系公元前一千多年的实物，为现存的埃及最古天文仪器。

[三、美索不达米亚天文学]

美索不达米亚在今伊拉克共和国境内的底格里斯河和幼发拉底河一带，是人类文明最早的发源地之一。从公元前 3000 年左右苏美尔城市国家形成到公元前 64 年为罗马所灭的三千年间，虽然占统治地位的民族多次更迭，但始终使用楔形文字。他们创造了丰富多彩的物质文明和精神文明，有些一直应用到今天。如分圆周为 360°，分 1 小时为 60′，1 分为 60″，以 7 天为 1 个星期，分黄道带为 12 个星座等。

幼发拉底河

古代两河流域的科学，以数学和天文学的成就为最大。据说在公元前30世纪的后期就已经有了历法。当时的月名各地不同。现在发现的泥板上就有公元前1100年亚述人采用的古巴比伦历的12个月的月名。因为当时的年是从春分开始，所以古巴比伦历的一月相当于现在的三月到四月。一年12个月，大小月相间，大月30日，小月29日，一共354天。为了把岁首固定在春分，需要用置闰的办法，补足12个月和回归年之间的差额。公元前6世纪以前，置闰无一定规律，而是由国王根据情况随时宣布。著名的立法家汉谟拉比曾宣布过一次闰六月。自大流士一世（前522～前486年在位）后，才有固定的闰周，先是8年3闰，后是27年10闰，最后于公元前383年由西丹努斯定为19年7闰制。

巴比伦人以新月初见为一个月的开始。这个现象发生在日月合朔后一日或二日，决定于日月运行的速度和月亮在地平线上的高度。为了解决这个问题，塞琉古王朝的天文学家自公元前311年开始制定日、月运行表，现选取一段如下：

闰六月	29°18′40″2‴	23°6′44″22‴	天秤座
七　月	29°36′40″2‴	22°43′24″24‴	天蝎座
八　月	29°54′40″2‴	22°38′4″26‴	人马座
九　月	29°51′17″58‴	22°29′22″24‴	摩羯座
十　月	29°33′17″58‴	22°2′40″22‴	宝瓶座
十一月	29°15′17″58‴	21°17′58″20‴	双鱼座
十二月	28°57′17″58‴	20°15′16″18‴	白羊座
一　月	28°39′17″58‴	18°54′34″16‴	金牛座
二　月	28°21′17″58‴	17°15′52″14‴	双子座
三　月	28°18′1″22‴	15°33′53″36‴	巨蟹座
四　月	28°36′1″22‴	14°9′54″58‴	狮子座
五　月	28°54′1″22‴	13°3′56″20‴	室女座
六　月	29°12′1″22‴	12°15′57″42‴	天秤座

这个表只有数据，没有任何说明。它的奥秘在19世纪末和20世纪初终于被伊平和库格勒等人揭开。他们发现，第四栏是当月太阳在黄道十二宫的位置，第三栏是合朔时太阳在该宫的度数（每宫从0°～30°），

第三栏相邻两行相减即得第二栏数据，它是当月太阳运行的度数 。例如第二行 22°43′24″24‴+30°，减去第一行 23°6′44″22‴，得七月太阳运行 29°36′40″2‴，而第二栏每组各相邻行的数据之差为一常数，即 ±18′。若以月份为横坐标，以太阳每月运行的度数为纵坐标绘图，便可得三条直线。前三点形成的直线斜率为 +18′，中间六点形成的直线斜率为 -18′，后四点形成的直线斜率为 +18′。前两条线的交点的纵坐标 $y_1=M=30°1'59''$，后两条线的交点的纵坐标 $y_2=m=28°10'39''40'''$，而太阳的月平均行度：

$$m=\frac{M+m}{2}=29°6'19''20'''$$

若就连续若干年的数据画图，就可得到一条折线。在这条折线上两相邻峰之间的距离就是以朔望月表示的回归年长度，1 回归年＝ $12\frac{1}{3}$朔望月。

在这种日月运行表中，有的项目多到 18 栏之多。除上述 4 栏外，还有昼夜长度、月行速度变化、朔望月长度、连续合朔日期、黄道对地平的交角、月亮的纬度，等等。有日月运行表以后，计算月食就很容易了。事实上，远在萨尔贡二世（约前 9 世纪）时，已知月食必发生在望，而且只有当月亮靠近黄白交点时才行。但是关于新巴比伦王朝（前 626 ～前 538）时迦勒底人发现沙罗周期（223 朔望月 =19 食年）的说法，近来有人认为是不可靠的。

巴比伦人不但对太阳和月亮的运行周期测得很准确，朔望月的误差只有 0.4 秒，近点月的误差只有 3.6 秒，而且对五大行星的会合周期也测得很准确。

水星：　146 周 = 46 年；　金星：5 周 = 8 年；

火星：　15 周 = 32 年；　木星：65 周 =71 年；

土星：　57 周 = 59 年。

这些数据远比后来希腊人的准确，同近代的观测结果非常接近。

[四、希腊古代天文学]

希腊是欧洲的文明古国，它的文化对以后欧洲各国文化的发展有很大影响，因此欧洲人称古代希腊文化为“古典文化”。希腊的地理位置使它易于和古代的东方文明接触。希腊第一个著名自然哲学家泰勒斯据说曾在埃及获得了几何学知识，到美索不达米亚学到了天文学。相传他曾预报过一次日食，并认为大地是一个浮在水上的圆盘或圆筒，而水为万物之源。

从泰勒斯开始到托勒玫为止的近八百年间，希腊天文学得到了迅速的发展，著名天文学家很多。从地域来说，先后有四个活动中心，形成了四个学派，即小亚细亚的米利都，从泰勒斯开始形成了一个爱奥尼亚学派（前 7 世纪～前 5 世纪）；意大利南部的克罗托内，毕达哥拉斯创立了毕达哥拉斯学派（前 6 世纪～前 4 世纪）；希腊的雅典，从柏拉图开始，有柏拉图学派（前 4 世纪～前 3 世纪）；埃及的亚历山大，本城和若干地中海岛屿上的相互有联系的天文学家们形成亚历山大学派（前 3 世纪～ 2 世纪）。托勒玫就属于这个学派，也是整个希腊古代天文学的最后一位重要的代表。就内容来说，可以柏拉图为界，划分两个时期。在柏拉图以前，虽然也有一些重要的发现，如月光是日光的反照、日月食的成因、大地为球形和黄赤交角数值等，但还是以思辨性的宇宙论占主导地位。从柏拉图开始有了希腊天文学的特色：用几何系统来表示天体的运动。柏拉图学派创立了同心球宇宙体系，而亚历山大学派则发展出本轮、均轮或偏心圆体系。这些都属于以地球为宇宙中心的地心体系。与此同时，还有其他方面的重要发展，即从赫拉克利德到

希腊雅典卫城鸟瞰

阿利斯塔克的日心体系。公元前 2 世纪依巴谷在观测仪器和观测方法方面都作了重大改进，他把三角学用于解决天文问题。公元 2 世纪托勒玫继承前人的成就，特别是依巴谷的成就，并加以发展，著《天文学大成》十三卷，成为古代希腊天文学的总结。古代希腊天文学的成就主要表现在五个方面。

地球照片（美国国家航空航天局，NASA）

地球的形状和大小 爱奥尼亚学派认为大地是个圆盘或圆筒；毕达哥拉斯学派则认为大地是个球形；亚里士多德在《论天》（明末中译本名《寰有诠》）里肯定了这一看法之后，地为球形的概念即成定论。埃拉托斯特尼用比较科学的方法得出了很精确的结果，他注意到夏至日太阳在塞恩城（今埃及阿斯旺）地方的天顶上，而在亚历山大城用仪器测得太阳的天顶距等于圆周的 1/50。他认为这个角度即是两地的纬度之差，因而地球的周长即是两地之间距离的 50 倍。这两地之间的距离当时认为是 5000 希腊里，所以地球的周长为 25 万希腊里。据研究，1 希腊里 =158.5 米，那么地球周长便是 39600 千米，对于那时来说，已经相当准确。100 多年以后，住在罗得岛上的波西东尼斯又利用老人星测过一次地球的周长，得出为 18 万希腊里，没有埃拉托斯特尼的准确，但为托勒玫所采用，而成为一段时期内公认的地球周长的数值。

日、月的远近和大小 毕达哥拉斯认为：月光是太阳光的反射；月亮的圆缺变化是由于月、地、日之间相互位置的变动，月面明暗交界处为圆弧形，表明月亮为球形，并推想其他天体也都是球形。亚里士多德接受了这一论断，并且进一步提出“运动着的物体必是球形”这一错误命题来作为论据。阿利斯塔克第一次试图用几何学的方法测定日、月、地之间的相对距离和它们的相对大小。他的论文《关于日月的距离和大小》一直流传到今天。在这篇论文中，他设想上、下弦时，日、月和地球之间应当形成一个直角三角形，月亮在直角顶上。通过测量日、月对地球所形成的夹角，就可以求出太阳和月亮的相对距离，他量出这个夹角是87°，并由此算出太阳比月亮远18～20倍。

依巴谷继续做阿利斯塔克测量日、月大小和距离的工作，他通过观测月亮在两个不同纬度地方的地平高度，得出月亮的距离约为地球直径的$30\frac{1}{6}$倍，这个数字比实际稍小一点。

日心地动说 毕达哥拉斯学派的菲洛劳斯认为日、月和行星除绕地球由西向东转动外，每天还要以相反的方向转动一周，这是不和谐的。为了解决这种不和谐的问题，他提出地球每天沿着由西向东的轨道绕“中央火”转动一周。和月亮总是以同一面朝着地球一样，地球也是以同一面朝着“中央火”，而希腊人是住在背着“中央火”的一面。地球和“中央火”之间还有一个“反地球”，它以和地球一样的角速度绕“中央火”运行，因此，地球上的人是永远看不见“中央火”的。

按照菲洛劳斯的说法，“中央火”是宇宙的中心。处在它外面的地球，每天绕火转一周，月球每月一周，太阳每年一周，行星的周期更长，而恒星则是静止的。这样的见解要求地球每天运行一段行程后，恒星之间的视位置应该有所改变，除非恒星跟地球的距离是无限远。毕达哥拉斯学派认为天体与“中央火”的距离应服从音阶之间音程的比例，也就是说恒星与地球的距离是有限的。可是，从来没有观测到在一天之内恒星之间的视位置有什么变化。为了消除这一矛盾，毕达哥拉斯学派另外两位学者希色达和埃克方杜斯提出地球自转

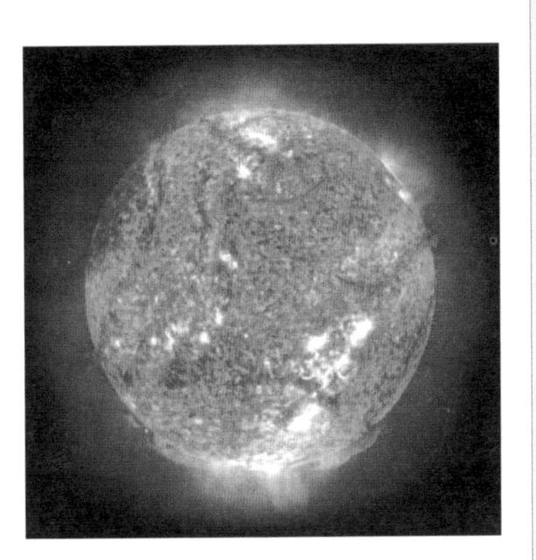

天文卫星SOHO拍摄的太阳紫外照片

的理论，认为地球处在宇宙的中心，每天自转一周。其后，柏拉图学派的赫拉克利德继承了希色达和埃克方杜斯的观点，以地球的绕轴自转来解释天体的视运动，同时又注意到水星和金星从来没有离开过太阳很远，进而提出这两个行星是绕太阳运动，然后又和太阳一起绕地球运动。

和赫拉克利德同时的亚里士多德反对这种观点，他以没有发现恒星视差，来反对地球绕“中央火”转动的学说。他以垂直向上抛去的物体仍落回原来位置，而不是偏西的事实来反对地球自转的学说。亚里士多德的这两个论据，直到伽利略的力学兴起和贝塞尔发现了恒星的视差以后，才被驳倒。虽然亚里士多德的观点在很长时期内占了统治地位，但是公元前 3 世纪的阿利斯塔克还是认为，地球在绕轴自转的同时，又每年沿圆周轨道绕太阳一周，太阳和恒星都不动，行星则以太阳为中心沿圆周运动。为了解释恒星没有视差位移，他正确地指出，这是由于恒星的距离远比地球轨道直径大得多的缘故。

同心球理论 阿利斯塔克的见解虽富于革命性，但走在时代的前面太远了，无法得到一般人的承认。当时盛行的却是另一种见解，即以地球为中心的地心说，它一直延续到 16 至 17 世纪。在地心说的形成和发展过程中，许多希腊学者起了不小的作用。毕达哥拉斯学派认为，一切立体图形中最美好的是球形，一切平面图形中最美好的是圆形，而宇宙是一种和谐的代表物，所以一切天体的形状都应该是球形，一切天体的运动都应该是匀速圆周运动。但是事实上，行星的运动速度很不均匀，有时快，有时慢，有时停留不动，有时还有逆行。可是柏拉图认为，这只是一种表面现象，这种表面现象可以用匀速圆周运动的组合来解释。在《蒂迈欧》中，他提出了以地球为中心的同心球壳结构模型。各天体所处的球壳，离地球的距离由近到远，依次是：月亮、太阳、水星、金星、火星、木星、土星、恒星，各同心球之间由正多面体连接着。欧多克斯发展了他的观点。欧多克斯认为：所有恒星共处在一个球面上，此球半径最大，它围绕着通过地心的轴线每日旋转一周；其他天体则由许多同心球结合而成，日、月各三个，行星各四个，每个球用想象的轴线和邻近的球体联系起来，这些轴线可以选取不同的方向，各个球绕轴旋

土星系

转的速度也可以任意选择。这样，把 27 个球（恒星 1，日、月 2×3，行星 4×5）经过组合以后，就可以解释当时所观测到的天象。后来，观测资料积累得越来越多，新的现象又不断发现，就不得不对这个体系进行补充。欧多克斯的学生卡利普斯，又给每个天体加上了一个球层，使球的总数增加到 34 个。

欧多克斯和卡利普斯的同心球并非物质实体，只是理论上的一种辅助工具，而且日月五星每一组的同心球与另一组无关。可是到了亚里士多德手里，这些同心球成了实际存在的壳层，而且各组形成一个连续的相互接触的系统。这样，为了使一个天体所特有的运动不致直接传给处在它下面的天体，就不得不在载有行星的每一组球层之间插进 22 个“不转动的球层”。这些不转动的球层，和处在它之上的那个行星运动的球层具有同样的数目、同样的旋转轴、同样的速度，但是以相反的方向运动，这样就抵消了上面那个行星所特有的一切运动，只把周日运动传给下面行星。

亚里士多德体系不同于前人的地方如下。他的天体次序是：月亮、水星、金星、太阳、火星、木星、土星和恒星天，在恒星天之外还有一层“宗动天”。

亚里士多德认为，一个物体需要另一个物体来推动，才能运动。于是他在恒星天之外，加了一个原动力天层——“宗动天”。

本轮均轮说 同心球理论除了过于复杂以外，还和一些观测事实相矛盾。第一，它要求天体同地球永远保持固定的距离，而金星和火星的亮度却时常变化。这意味着它们同地球的距离并不固定。第二，日食有时是全食，有时是环食，这也说明太阳、月亮同地球的距离也在变化。

阿利斯塔克的日心地动说可以克服同心球理论的困难，但他无法回答上面提到的亚里士多德对地球公转和自转的责难。当时希腊人认为天地迥然有别，也阻碍人们接受地球是一个行星的看法。因此，要克服同心球理论所遇到的困难，还得沿着圆运动的思路前进。阿波罗尼奥斯设想出另一套几何模型，可以解释天体同地球之间距离的变化。那就是：如果行星作匀速圆周运动，

火卫一上看火星

而这个圆周（本轮）的中心又在另一个圆周（均轮）上作匀速运动，那么行星和地球的距离就会有变化。通过对本轮、均轮半径和运动速度的适当选择，天体的运动就可以从数量上得到说明。

依巴谷继承了阿波罗尼奥斯的本轮、均轮思想，并且又进一步有所发现：太阳的不均匀性运动还可以用偏心圆来解释，即太阳绕着地球作匀速圆周运动，但地球不在这个圆周的中心，而是稍偏一点。这样，从地球上看来，太阳就不是匀速运动，而且距离也有变化，近的时候走得快，远的时候走得慢。

到托勒玫时，本轮均轮说在他的《天文学大成》中作了概括。这种学说统治了天文学界 1400 多年，直到哥白尼学说出现以后，才逐渐被抛弃。

［五、印度古代天文学］

印度是世界文明古国之一，印度的天文学起源很早。由于农业生产的需要，印度早就创立了自己的阴阳历。

印度的天文历法在早期就有零星的记载，例如在相关文献中有十三月的记载。《鹧鸪氏梵书》将一年分为春、热、雨、秋、寒、冬六季；还有一种分法是将一年分为冬、夏、雨三季。《爱达罗氏梵书》记载，一年为 360 日、12 个月，一个月为 30 日。但实际上，月亮运行一周不足 30 日，所以有的月份实际不足 30 日，印度人称为消失一个日期。大约一年要消失五个日期，但习惯上仍称一年 360 日。印度古代还有其他多种历日制度，彼此很不一致。在印度历法中有望终月和朔终月的区别。望终月是从月圆到下一次月圆为一个月；朔终月以日月合朔到下一个合朔为一个月。

月球

两种历法并存，前者更为流行。印度月份的名称以月圆时所在的星宿来命名。对于年的长度则用观察恒星的偕日出来决定。进而，发明用谐调周期来调整年、月、日的关系。一个周期为五年，1830 日，62 个朔望月。一个周期内置两个闰月。一朔望月为 29.516 日，一年为 366 日。公元一世纪以前大约一直使用这种粗疏的历法。

为了研究太阳、月亮的运动，印度有二十七宿的划分方法。它是将黄道分成二十七等分，称为“纳沙特拉”，意为“月站”。二十七宿的全部名称最早出现在《鹧鸪氏梵书》。当时以昴宿为第一宿。在史诗《摩诃婆罗多》里则以牛郎星为第一宿。后来又改以白羊座 β 星为第一宿。这个体系一直沿用到晚近。印度二十七宿的划分方法是等分的，但各宿的起点并不正好有较亮的星，于是他们就选择该宿范围内最高的一颗星作为联络星，每个宿都以联络星星名命名。印度也有二十八宿的划分方法，增加的一宿位于人马座 α 和天鹰座 α 之间，名为“阿皮季德”（梵文意为“麦粒”）宿。

印度建筑——印度门

《摩诃婆罗多》

印度上古文献全无年代的记载，要确切地断代是困难的。因此人们往往借助于天象资料研究历史年代。《摩诃婆罗多》里以牛郎星为第一宿，牛郎星应处于当时冬至点的位置，可定为公元前450年。至于沿用至今的以白羊座β为第一宿，则白羊座β应处于当时春分点的位置，可定为起自公元1世纪。

在一个相当长的时期内，佛教在印度传播很广，佛经中表述的传统宇宙观念，与中国古代的盖天说较为接近。

在之后的一个相当长的时期内，印度天文学基本上没有得到发展。在笈多王朝时期（约320～540），佛教衰落而印度教兴起。希腊天文学传入印度，天文学在印度开始蓬勃发展，出现了印度著名的天文学家阿耶波多（第一）。他的主要天文著作是《阿耶波提亚》。他的书中也有类似中国古代计算上元积年的方法。他计算了日月五星及黄、白道的升交点和降交点的运动，讨论了日月五星的最迟点及其迟速运动，有推算日月食的方法。在阿耶波多（第一）以后，出现了天文学家伐罗诃密希罗（或译彘日），他的主要著作《五大历数全书汇编》，几乎汇集了当时印度天文学的全部精华，全面介绍了在他以前的各种历法。编入书中的五种历法以《苏利亚历数书》最为著名。在该书中，引进了一些新的概念，如太阳、月球的地平视差、远日点的移动、本轮等，并且介绍了太阳、月球和地球的直径推算方法。该书成为印度历法的范本，一直沿用至近代。不过伐罗诃密希罗时代的《苏利亚历数书》的数据尚不精密，后世曾不断进行修改补充，现存的《苏利亚历数书》中的数据，大约是公元12世纪修订的。此外，从这些历数书中得知，当时的印度历法大都是使用恒星年而不是回归年，这个特点一直保持到近代。

中国唐朝曾译有天竺的《九执历》。它是当时（7世纪前后）较为流行

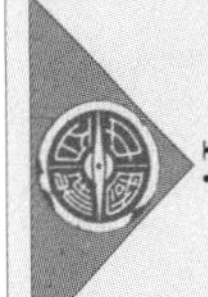

的印度历法。日月五星加罗睺和计都，合称九曜，九执的名称来源于此。罗睺和计都是印度天文学家假想的两个看不见的天体，实指黄、白道相交的升交点和降交点。《九执历》有推算日月运行和交食预报等方法，历元起自春分朔日夜半。《九执历》将周天分为360度，1度分为60分，又将一昼夜分为60刻，每刻60分。它用十九年七闰法。恒星年为365.2762日。朔望月为29.530583日。《九执历》用本轮均轮系统推算日月的不均匀运动，计算时使用三角函数的方法。《九执历》的远日点定在夏至点前10度。

公元12世纪，印度出现了天文学家帕斯卡尔，他的重要天文著作《历数精粹》对古代印度天文学的影响很深。他提出了自己的宇宙理论，认为地球居于宇宙之中，靠自力固定于空中；认为地球上有七重气，分别推动月球、太阳和星体运动。他还提出天体视直径的变化是由于它们到地球的距离变化造成的，并且认识到地球具有引力。

印度德里的古天文台

印度天文学在历法计算上自具特色，但不重视对天体的实际观测，因而忽视天文仪器的使用和制造。在一个很长的时期内仅有平板日晷和圭表等简单仪器。直到 18 世纪才由贾伊・辛格二世在德里等地建立了天文台，置有十几件巨型灰石或金属结构的天文仪器。

[六、玛雅天文学]

玛雅人是美洲印第安人的一支，在公元前 1000 年左右开始创立文化，公元 3 ～ 9 世纪是玛雅文化的古典时期。现在所知道的玛雅文化大都属于这个时期。

玛雅人有自己的天文观测台，它是一组建筑群。从一座金字塔上的观测点往东方的庙宇望去，就是春分、秋分日出的方向；往东北方的庙宇望去，就是夏至日出的方向；往东南方庙宇望去，就是冬至日出的方向。像这样的建筑群发现了好几处。玛雅人对行星运动，尤其是金星运动，有周密的研究，定金星会合周期为 584 天，分为 4 段： 晨见 236 天，伏 90 天，夕见 250 天，伏 8 天；并且知道五个金星会合周年的和等于八年的时间。从玛雅人残留至今的文献中发现 177 天、354 天、502 天、679 天、856 天、1033 天这一串数字。有人认为，这是指 35 个朔望月的交食周期。有的研究人员认为玛雅人采用黄道十三宫，并且已经查明其中几个宫名为：响尾蛇、海龟、蝎子、蝙蝠等。

玛雅历法有阴阳历和阳历两种。玛雅人曾将太阳历刻在石碑上，成为重要天文文物。玛雅人的历日制度主要有如下表达方法：

①用累计积日数来表达。分九等，即金、乌纳尔、顿、卡顿、白克顿、匹克顿、卡拉勃顿、金切尔顿、阿劳顿。1 金表示 1 天，1 乌纳尔为 20 天，1 顿为 360 天，1 卡顿为 7200 天，1 白克顿为 144000 天。再以后的顺序都是前者的 20 倍。一般计日用到五等，例如 9、9、16、0、0 即表示：$9\times144000+9\times7200+16\times360+20\times0+0=1366560$ 天。这种方法可以叫作积日法。

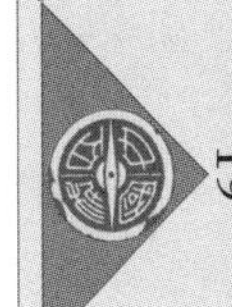

玛雅文明帕伦克宫殿遗址

②一般民用历法。一年为19个月。第1至18月每月20天，第19月为5天，共365天。19个月的名称是：

第一月	朴泼	第十一月	闸克
第二月	乌喔	第十二月	开黑
第三月	席泼	第十三月	马克
第四月	佐子	第十四月	干金
第五月	赞克	第十五月	磨安
第六月	呼尔	第十六月	派克司
第七月	雅克司金	第十七月	卡雅勃
第八月	莫尔	第十八月	科姆呼
第九月	陈	第十九月	歪也勃
第十月	雅克司		

[七、欧洲中世纪天文学]

从公元476年西罗马帝国灭亡，到15世纪中叶文艺复兴开始，这一千年的欧洲，习惯上称为“中世纪”。中世纪欧洲的特点是政教合一，基督教神学占据统治地位，“科学只是教会的恭顺的婢女，它不得超越宗教所规定的界限。”（《马克思恩格斯选集》第3卷第390页）尤其是5世纪至10世纪更是欧洲历史上的黑暗时期。当时西欧人连希腊科学家的学说都不清楚了，大地是球形的说法也被列为异端，而圣经神话却重新成了宇宙体系的依据。在这一时期里天文学之所以仍然被列为高等教育的必修课，主要是为了教人学会计算复活节的日期。

阿拉伯科学从公元10世纪开始由西班牙向英、法、德等国传播。但阿拉伯科学著作被大量译成拉丁文，还是在基督教徒攻克西班牙的托莱多（1085）和意大利南部的西西里岛（1091）以后的事情。翻译工作最活跃的时期是

1125 ～ 1280 年，最著名的译者是克雷莫纳的杰拉尔德。他一生译书 80 多种，其中包括托勒玫的《天文学大成》和查尔卡利的《托莱多天文表》。

西西里岛海港

古希腊和阿拉伯的科学著作译成拉丁文以后，经院哲学家阿奎那斯立刻把亚里士多德、托勒玫等人的学说和神学结合起来。阿奎那斯提出“上帝”存在的第一条理由就是天球的运动需要一个原动者，即“上帝”。但是，到了这个时候，由于科学知识的积累，经院哲学家的一些论说，已经不能无条件地被人接受了。与阿奎那斯同时期的英国革新派教徒 R. 培根具有鲜明的唯物主义倾向，主张“靠实验来弄懂自然科学、医药、炼金术和天上地下的一切事物”，反对经院式、教义式的盲目信仰，对宇宙理论和科学的发展起了推动作用。

与 R. 培根同时，法国人霍利伍德著有《天球论》，阐述球面天文学，简明扼要，通俗易懂，再版多次，有多种译本，一直流行到 17 世纪末。

14 世纪中叶，维也纳设立大学，逐渐成为天文数学中心，普尔巴哈于 1450 年出任该校天文数学教授后，学术氛围更为浓厚。普尔巴哈在托勒玫《天文学大成》的基础上，编成《天文学手册》一书，作为霍利伍德《天球论》的补充；同时又著有《行星理论》，详细指出亚里士多德和托勒玫两人关于行星的理论是不同的。

普尔巴哈的学生和合作者 J. 米勒，曾经随普尔巴哈去意大利从希腊文原著学习托勒玫的天文学。他们两人都发现，《阿尔方斯天文表》历时已两百年，误差颇大，需要修订。后来雷乔蒙塔努斯到纽伦堡定居，在天文爱好者富商瓦尔特的资助下，建立了一座天文台，并附设有修配厂和印刷所，1475 ～ 1505 年间每年编印航海历书，为哥伦布 1492 年发现新大陆提供了条件。

在普尔巴哈和雷乔蒙塔努斯十分活跃的时候，意大利也出现了两位有名的天文学家：托斯卡内里和库萨的尼古拉。他们都曾求学于帕多瓦大学，彼此是亲密的同学和朋友。前者学医，曾鼓励哥伦布航海，后来成为优秀的天文观测者，系统地观测过六颗彗星（1433，1449 ～ 1450，1456，1457 Ⅰ，1457 Ⅱ，1472），并把佛罗伦萨的高大教堂当作圭表，精确地测定二至点和岁差。后者在任意大利北部的布里克森城（今名布雷萨诺内）主教期间，曾提出过地球运动和宇宙无限的设想。他说，整个宇宙是由同样的四大元素组成的；天体上也有和地球上相似的生物居住着；一个人不论在地球上，或者在太阳上，或者在别的星体上，从他的眼中看去，他所占的地位总是不动的，而其他一切东西则在运动。

15 世纪，从普尔巴哈到尼古拉的工作，无论是实践上还是理论上都为近代天文学的诞生创造了条件，哥白尼的《天体运行论》就是在这些人劳动的基础上完成的。

［八、阿拉伯天文学］

一般所说的阿拉伯天文学是指公元 7 世纪伊斯兰教兴起后直到 15 世纪左右各伊斯兰文化地区的天文学。在这段时期里阿拉伯天文学大体形成了三个学派，即巴格达学派、开罗学派和西阿拉伯学派。

巴格达学派　阿拔斯王朝（750 ～ 1258）于 762 年在巴格达建都以后，

除了直接接受巴比伦和波斯的天文学遗产以外，又积极延揽人才，翻译印度婆罗门笈多著的《增订婆罗门历数全书》和希腊托勒玫著的《天文学大成》等许多书籍，作为进一步发展的基础。829 年巴格达建立天文台，在这里工作过的著名天文学家有法干尼等人。法干尼著有《天文学基础》一书，对托勒玫学说作了简明扼要的介绍。塔比・伊本・库拉发现岁差常数比托勒玫提出的每百年移动 1 度要大；而黄赤交角从托勒玫时的 23°51′减小到 23°35′。把这两个现象结合起来，他提出了颤动理论，认为黄道和赤道的交点除了沿黄道西移以外，还以 4 度为半径，以四千年为周期，作一小圆运动。为了解释这个运动，他又在托勒玫的八重天（日、月、五星和恒星）之上加上了第九重。

塔比・伊本・库拉的颤动理论，曾为后来许多的天文学家所采用，但是他的继承者巴塔尼倒是没有采用。现在知道这种理论是错误的。巴塔尼是阿拉伯天文学史上伟大的天文学家，伊斯兰天文学中的重要贡献，大多是属于他的。他的最著名的发现是太阳远地点的进动；他的全集《论星的科学》在欧洲影响很大。

比巴塔尼稍晚的苏菲所著《恒星图象》一书，被认为是伊斯兰观测天文

阿拉伯文化

学的三大杰作之一。书中绘有精美的星图、星等是根据他本人的观测画出的，因而它是关于恒星亮度的早期宝贵资料，现在世界通用的许多星名，如 Altair（中名牛郎星）、Aldebaran（中名毕宿五）、Deneb（中名天津四）等，都是从这里来的。

巴格达学派的有一位著名人物阿布 · 瓦法，他曾对黄赤交角和分至点进行过测定，为托勒玫的《天文学大成》写过简编本。有人认为他是月球二均差的发现者，但又有人认为，这项发现还是应该归功于第谷。

1258 年蒙古大军灭掉阿拔斯王朝，建立伊尔汗国。1272 年，伊尔汗国建立马拉盖天文台（在今伊朗西北部大不里士城南），并任命担任首相职务的天文学家纳西尔丁 · 图西主持天文台工作。这个天文台拥有来自中国和西班牙的学者，他们通力合作，用了 12 年时间，完成了一部《伊尔汗历数书》（西方称《伊尔汗天文表》）。阿拉伯人称之为 Zij-i ī lkhān ī。“Zij”与印度的

底格里斯河岸边的巴格达市

悉檀多（历数书）相当，中国元代音译为“积尺”。西方则称为“表”或“天文表”。商企翁、王士点撰的《祕书监志》中有“积尺诸家历”，指的就是各种阿拉伯历数书或天文表。《伊尔汗历数书》中测定岁差常数为每年 51″，相当准确。一百多年后，帖木儿的孙子乌鲁伯格又在撒马尔罕建立一座天文台。乌鲁伯格所用的象限仪，半径长达 40 米。他对一千多颗恒星进行了长时间的位置观测，据此编成的《新古拉干历数书》（今通称《乌鲁伯格天文表》）是托勒玫以后第一种独立的星表，达到 16 世纪以前的最高水平。

开罗学派　公元10世纪初，突尼斯一带建立了法蒂玛王朝（909～1171）。这个王朝于 10 世纪末迁都开罗以后，成为西亚、北非一大强国，在开罗形成了一个天文中心。这个中心最有名的天文学家是伊本·尤努斯，他编撰了《哈基姆历数书》（西方称《哈基姆天文表》），其中不但有数据，而且有计算的理论和方法。书中用正交投影的方法解决了许多球面三角学的问题。他汇编了 829 ～ 1004 年间阿拉伯天文学家和他本人的许多观测记录。977 年和 978 年他在开罗所作的日食观测和 979 年所作的月食观测，为近代天文学研究月球的长期加速度提供了宝贵资料。

与伊本·尤努斯同时在开罗活动的还有一位光学家海桑，他研究过球面像差、透镜的放大率和大气折射。他的著作通过 R. 培根和开普勒的介绍，对欧洲科学的发展有很大的影响。

西阿拉伯学派　西班牙哈里发王朝（又称后倭马亚王朝）最早的天文学家是科尔多瓦的查尔卡利。他的最大贡献是于1080年编制了《托莱多天文表》。这个天文表的特点是其中有仪器的结构和用法的说明，尤其是关于阿拉伯人特有的仪器——星盘的说明。在《托莱多天文表》中，还有一项重要内容，就是对托勒玫体系作了修正，以一个椭圆形的均轮代替水星的本轮，从此兴起了反托勒玫的思潮。这种思潮由阿芬巴塞发端，阿布巴克尔和比特鲁吉为其继承者。他们反对托勒玫的本轮假说，理由是行星必须环绕一个真正物质的中心体，而不是环绕一个几何点运行。因此，他们就以亚里士多德所采用的欧多克斯的同心球体系作为基础，提出一个旋涡运动理论，认为行星的轨道呈螺旋形。其后，信奉基督教的西班牙国王阿尔方斯十世，于1252年召集许多阿拉伯和犹太天文学家，编成《阿尔方斯天文表》。近年有人认为这个表基本上是《托莱多天文表》的新版。

正当西班牙的天文学家抨击托勒玫学说的时候，中亚一带的天文学家比鲁尼曾提出地球绕太阳旋转的学说。他在写给著名医学家、天文爱好者阿维森纳的信中，甚至说到行星的轨道可能是椭圆形而不是圆形。马拉盖天文台的纳尔西丁·图西在他的《天文学的回忆》中也严厉地批评了托勒玫体系，并提出了自己的新设想：用一个球在另一个球内的滚动来解释行星的视运动。14世纪大马士革的天文学家伊本·沙提尔在对月球运动进行计算时，更是抛弃了偏心均轮，引进了二级本轮。两个世纪以后，哥白尼在对月球运动进行计算时，所用方法和他的是一样的。阿拉伯天文学家们处在托勒玫和哥白尼之间，起了承前启后的作用。

第二章 放彩历程——近现代天文学史

[一、近代天文学的兴起]

1. 哥白尼的革命

哥白尼，Nicolaus Copernicus（1473 ～ 1543），波兰伟大的天文学家，日心说的创立者，近代天文学的奠基人。

哥白尼

前期经历 1473 年 2 月 19 日，哥白尼出生于波兰维斯瓦河畔的托伦城。10 岁丧父，由舅父瓦琴洛德抚养。18 岁时进克拉科夫大学，在校受到人文主义者、数学教授布鲁楚斯基的熏陶，抱定献身天文学研究的志愿。三年后转回故乡。当时已任埃尔梅兰城大主教的瓦琴洛德，派他去意大利学教会法规。1497 ～ 1500 年间他在博洛尼亚大学读书，除教会法规外，还同时研究多种学科，尤其是数学和天文学。对他最有影响的老师是文艺复兴运动的领导人之一、天文学教授诺法腊。1497 年 3 月 9 日，他在博洛尼亚作了他遗留下的第一个天文观测记录：月球遮掩金牛座 α（毕宿五）的时刻。

哥白尼在意大利的时候，因他舅父的推荐，于 1497 年被选为弗龙堡大教堂僧正。1501 年他从意大利回国，正式宣誓加入神父团体，但随即又请假再次去意大利。他先在帕多瓦大学学习，同时研究法律与医学。1503 年，他又在费拉拉大学获得教会法博士学位。1506 年，哥白尼从意大利回到波兰。1512 年他舅父死后，他就定居在弗龙堡。作为僧正的哥白尼，职务是轻松的。他把大部分精力都用在天文学的研究上。

哥白尼从护卫大教堂的城墙上选一座箭楼作宿舍，并选择顶上一层有门通向城上的平台作为天文台。这地方后来被称为“哥白尼塔”，自 17 世纪以来被人们作为天文学的圣地保存下来。

日心地动说的创立和《天体运行论》的出版 哥白尼的主要贡献是创立了科学的日心地动说，写出“自然科学的独立宣言”——《天体运行论》。

当时的欧洲正处在黑暗的中世纪的末期。亚里士多德 - 托勒玫的地球中心说早已被基督教会改造成为基督教义的支柱。然而，由于观测技术的进步，在托勒玫的地心体系里必须用 80 个左右的均轮和本轮才能获得同观测比较相合的结果，而且这类小轮的数目还有继续增加的趋势。当时一些具有进步思想的哲学家和天文学家都对这个复杂的体系感到不满。哥白尼在意大利时研究过大量的古希腊哲学和天文学著作。他赞成毕达哥拉斯学派的治学精神，主张以简单的几何图形或数学关系来表达宇宙的规律。他了解到古希腊人阿利斯塔克等曾有过地球绕太阳转动的学说，受到很大启发。哥白尼分析了托勒玫体系中的行星运动，发现每个行星都有三种共同的周期运动，即一日

NICOLAI
COPERNICI TO-
RINENSIS DE REVOLVTIONI-
bus orbium cœlestium,
Libri VI.
IN QVIBVS STELLARVM ET FI-
XARVM ET ERRATICARVM MOTVS, EX VETE-
ribus atq; recentibus obseruationibus, restituit hic autor.
Praeterea tabulas expeditas luculentasq; addidit, ex qui-
bus eosdem motus ad quoduis tempus Mathe-
matum studiosus facillime calcu-
lare poterit.
ITEM, DE LIBRIS REVOLVTIONVM NICOLAI
Copernici Narratio prima,
Cum Gratia & Privilegio Caes. Maiest.
BASILEAE, EX OFFICINA
HENRICPETRINA.

《天体运行论》第二版扉页

一周、一年一周和相当于岁差的周期运动。他认为，如果把这三种运动都归到被托勒玫视为静止不动的地球上，就可消除他的体系里不必要的复杂性。因此，哥白尼建立起一个新的宇宙体系，即太阳居于宇宙的中心静止不动，而包括地球在内的行星都绕太阳转动的日心体系。离太阳最近的是水星，其次是金星、地球、火星、木星和土星。只有月球绕地球转动。恒星则在离太阳很远的一个天球面上静止不动。哥白尼把统率整个宇宙的支配力量赋予太阳，而各个天体则都有其自然的运动。他系统而明晰地批判了地球中心说，并且从物理学的角度对日心地动说可能遭到的责难提出了答复。

哥白尼用了“将近四个九年的时间”去测算、校核、修订他的学说。他曾写过一篇《要释》，简要地介绍他的学说。这篇短文曾在他的友人中手抄流传。但是，他迟迟不愿将他的主要著作——《天体运行论》公开出版。因为他很了解，他的书一经刊布，便会引起各方面的攻击。批判可能从两种人那里来：一种人是顽固的哲学家，他们坚持亚里士多德、托勒玫的说法，把地球当作宇宙的固定中心；另一种人是教士，他们会说日心说是离经叛道的异端邪说，因为《圣经》上明白指出地是静止不动的。当哥白尼终于听从朋友们的劝告，将他的手稿送去出版时，他想出一个办法，在书的序中大胆地写明将他的著作献给教皇保罗三世。他认为，在这位比较开明的教皇的庇护下，《天体运行论》也许可以问世。

除了这篇序之外，《天体运行论》还有另外一篇别人写的前言。哥白尼当时已重病在身，辗转委托教士奥塞安德尔去办理排印工作。这位教士为使这书能安全发行，假造了一篇无署名的前言，说书中的理论不一定代表行星在空间的真正运动，不过是为编算星表、预推行星的位置而想出来的一种人为的设计。这篇前言里说了许多称赞哥白尼的话，细心的读者很容易发现这是别人写的。然而，这个“迷眼的沙子”起了很大的作用，在半个多世纪的时间里，骗过了许多人。1542 年秋，哥白尼因中风而导致半身不遂，到 1543 年初已临近死亡。延至 5 月 24 日，当一本印好的《天体运行论》送到他的病榻的时候，已是他弥留的时刻了。

哥白尼以后 《天体运行论》出版后很少引起人们的注意。一般人不能了解，而许多天文工作者则正如奥塞安德尔所说的那样，只把这本书当作编算行星星表的一种方法。《天体运行论》在出版后70年间，虽然遭到马丁·路德的斥责，但未引起罗马教廷的注意。后因布鲁诺和伽利略公开宣传日心地动说，危及教会的思想统治，罗马教廷才开始对这些科学家加以迫害，并于公元1616年把《天体运行论》列为禁书。然而经过开普勒、伽利略、牛顿等人的工作，哥白尼的学说不断获得胜利和发展；恒星光行差、视差的发现，使地球绕太阳转动的学说得到了令人信服的证明。

哥白尼的学说不仅改变了那个时代人类对宇宙的认识，而且根本动摇了欧洲中世纪宗教神学的理论基础。“从此自然科学便开始从神学中解放出来”“科学的发展从此便大踏步前进”（恩格斯《自然辩证法》）。

2. 第谷

第谷，Brahe Tycho（1546～1601），丹麦天文学家。1546年12月14日生于丹麦克努兹斯图普（今属瑞典）的一个贵族家庭。自幼喜欢观察星辰。1559年进哥本哈根大学学习法律。1562年入莱比锡大学。1563年8月他作了第一个天文观测记录——木星合土星。1565年以后，到欧洲许多地方游学。

第谷

1572年11月11日他发现在仙后座里出现了一颗新星。经过长期观测，他认为这是一颗十分遥远的星（现已测知是银河系的一颗超新星）。1576年在丹麦王腓特烈二世的资助下，他在汶岛上建立一所宏大的天文台，他称之为天文堡。在那儿他坚持了二十多年的天文观测。1597年离开汶岛。1599年到布拉格，任鲁道夫二世的御前天文学家。第二年，他邀请开普勒来当助手。1601年10月24日第谷逝世。在最后日子里，他将自己生平积累的观测资料赠给开普勒。

第谷是卓越的天文仪器制造家，曾制造过许多大型、精密的天文仪器。赤道式装置在欧洲的流行是与他的工作分不开的。他多年精心观测得到的资料，为开普勒发现行星运动三定律奠定了基础。他本人编制过一份精密的星表，研究过大气折射，发现黄赤交角的变化和月亮运动中的二均差，还重新测定了岁差常数，所得结果为每年51″。

[二、17 世纪的天文学家]

17 世纪的天文学家代表，列举如下。

1. 霍罗克斯

霍罗克斯，Jeremiah Horrocks（1618 ～ 1641），这位英国天文学家的主要成就是把开普勒的椭圆轨道理论应用到月球运动上去。他首先说明月球运动中的出差和二均差都是月球轨道椭率变化的结果，而这种变化和月球轨道拱线的摆动是受到太阳引力的影响。

2. 赫维留

赫维留，Jahannes Hevelius（1611 ～ 1687），这位波兰业余天文学家在自己住宅的屋顶上建立了一座天文台，曾对太阳黑子作过辛勤观测，因而定出相当准确的太阳自转周期。他提出的光斑一词一直沿用至今。1647 年发表第一幅比较详细的月面图。1701 年出版了他编制的赫维留星表。

3. 惠更斯

惠更斯，Christiaan Huygens（1629 ～ 1695），这位荷兰天文学家发现了土星的光环和第一颗卫星。他的关于向心力的工作对牛顿万有引力的发现起了重要的作用。他创造的天文摆钟、复合目镜等对天文仪器的发展有重要意义。他改制的“空中望远镜”曾在天文观测中用了几乎一个世纪。

4. 卡西尼

G.D. 卡西尼

G.D. 卡西尼，Giovanni Domenico Cassini（1625～1712），原籍意大利的法国天文学家 G.D. 卡西尼虽然不接受哥白尼学说，但是仍然致力于行星的卫星观测。他发现了土星的四个卫星和土星光环中的暗缝，刊布了第一份木星卫星历表，为在海上测定经度的工作提供了重要条件。

5. 罗默

罗默

罗默，Ole (Christensen) Rømer（1644～1710），这位丹麦天文学家在巴黎天文台工作期间，通过对木卫掩食的研究发现光速的有限性，并首次测得光速值。在这个基础上，后来布拉得雷才能发现光行差，为日心说提供了有力的证明。

[三、18～19 世纪天文学]

18～19 这两个世纪是近代天文学的发展时期。由于技术的发展，天文望远镜及其终端设备、附属配件的性能越来越好，这就使天体测量的精确度日益提高，从而导致了一系列重大发现，如恒星自行、光行差等。而天体测量学的进步，又推动了天体力学，使它在近代数学的基础上得到极大的发展。技术的进步使人们所认识的宇宙范围越来越广阔。19 世纪中叶，天体物理学诞生。从此，人们得以逐步深入地认识天体的物理本质。

1. 天体测量学的成就

① 1725～1728 年间，布拉得雷在测定天龙座 γ 的视差时发现周年光

行差现象。1727～1732年他又发现章动现象；经过二十多年的观测，终于在1748年确认章动的存在，并定出光行差常数。② 1716年哈雷提出了观测金星凌日的方法来定太阳视差。经过一个多世纪的实践，效果仍不理想。小行星发现后，德国伽勒提出改用观测小行星来定太阳视差。这个方法一直使用到现在。1895年所得结果同今测值已十分接近。③经纬度和钟差的测定是这个时期中天体测量学的基本任务之一。完成这项任务的几个重要环节是：1756年德国迈耶尔导出中星仪测时基本公式；19世纪初高斯提出同时测定纬度和钟差的多星等高法；1857年美国太尔各特改进了18世纪丹麦赫瑞堡的发明，提出测定纬度的太尔各特法。这些成果至今仍有实际意义。④纬度测定精度的提高，使德国屈斯特纳得以在1888年发觉观测站所在纬度的微小变化，由此证实了1765年欧拉预言过的极移现象的存在。1891年美国张德勒分析出极移的周期性。为了进一步提高测时测纬精度，1899年成立了国际纬度服务机构，由这个机构提供地极坐标。⑤在这两个世纪中，天文学家编制了许多星表，其规模越来越大，精度越来越高。其中著名的有1798年和1805年出版的两册《布拉得雷星表》，它对近代恒星自行的研究起过重要作用。1859～1862年发表的《波恩巡天星表》，载星324000多颗。直到20世纪50年代，国际天文学联合会（IAU）还要求重印这份星表及其所附星图。1872年纽康编的N1星表

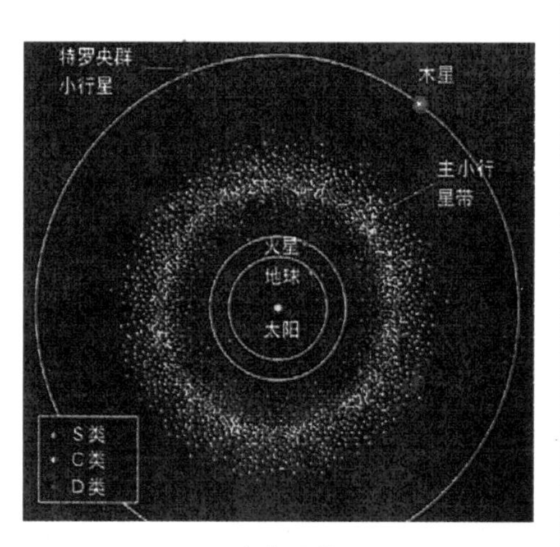

小行星带

和 1879 年、1883 年德国天文学会分两次发表的《奥韦尔斯基本星表》（FK 星表）是两个重要的基本星表系统的开端。

2．天体力学的发展

①由于航海的需要，这一时期的天体力学首先致力于研究受到其他天体摄动的大行星和月球的运动，以求获得一份精确的历表。使用的方法，主要是分析的方法，也称为摄动理论。1748 年和 1752 年，欧拉在研究木星和土星的相互摄动中首创变分法，分析方法的研究主要由此开始。后来拉格朗日发展了欧拉的方法，导出描述轨道要素变化的拉格朗日方程。1799 ～ 1825 年拉普拉斯出版《天体力学》，全面总结了 18 世纪的工作，提出比较完整的大行星运动理论和月球运动理论。经过泊松、勒威耶、汉森等人的努力，到 19 世纪下半叶，纽康建立了除木星和土星以外所有 6 个行星的运动理论；希尔建立了木星和土星的运动理论。他们的工作至今仍是编算天文年历的依据（火星例外，1919 年后采用 F.E. 罗斯改进的理论）。希尔的月球运动理论则是 20 世纪 E.W. 布朗理论的基础。②在摄动理论的研究中，摄动函数的展开问题是个重要问题。在这方面有贡献的是纽康，他创立纽康算符，简化了运算的过程。③由于彗星和小行星常常有较大的倾角和偏心率，在研究它们受到的摄动时必须采用与大行星理论不同的方法。1843 年，汉森创立绝对摄动法，以偏近点角为引数，使展开的级数迅速收敛。1874 年，希尔提出以中间轨道为基础的球坐标摄动法。1896 年，波林用汉森理论研究赫斯提亚群小行星，建立了群摄动的分析方法。④纯粹理论研究方面的重要贡献有：1772 年拉格朗日证明三体问题中有拉格朗日特解，这一结论为 1906 年开始发现的脱罗央群小行星的运动所证实。19 世纪末庞加莱等人建立了三体问题的积分理论。

3．太阳系的研究

①早在 17 世纪，荷兰学者惠更斯就发现了火星极冠。1761 年，俄国罗蒙诺索夫根据金星凌日的观测做出了金星表面有大气存在的正确结论。这一

时期对大行星的研究主要还只限于对它们作表面细节的观测。此后不断有人描绘火星表面图。1877 年以后，意大利斯基帕雷利绘制的火星表面图较为有名。火星上有“运河”的设想便是他提出来的。②海王星的发现，是这一时期中最伟大的成就之一。1781 年，F.W. 赫歇耳偶然地发现了天王星。此后 40 年中，它的计算位置与实际观测始终不符。人们设想这是因一颗未知行星对天王星摄动的结果。1844 ～ 1846 年，J.C. 亚当斯和勒威耶各自独立地进行了计算，伽勒根据勒威耶的推算，在 1846 年 9 月发现了海王星。③ 1772 年，德国波得宣布了反映行星距离规律的提丢斯－波得定则。天王星发现后证明也符合这条定则。因此人们开始注意并努力在这条定则所指出的木星和火星之间的空隙寻找未知天体。1801 年，意大利皮亚齐发现了第一颗小行星——谷神星。高斯的计算表明，它的轨道正在木星和火星之间。第二年德国奥伯斯又发现了一颗小行星——智神星。1804 年和 1807 年，又有人分别发现一颗小行星。它们之所以被称为小行星，因为它们的体积都很小。它们同太阳的距离都与谷神星到太阳的距离相似。因此，奥伯斯提出第一个小行星起源

太阳系全景图

的假说，认为小行星是一颗大行星爆裂后的碎片。④此后发现的小行星逐年增加，到 1876 年总数已达 172 颗。1877 年，美国柯克伍德指出，由于受到木星强大的摄动，小行星空间分布区域中有空隙。在空隙区域里，小行星周期和木星周期成简单比例。这个发现在天体动力学的演化研究上有重要意义。⑤ 1758 年底哈雷彗星回归，证实了哈雷于 1705 年所作的预言。此后，彗星成为天文学研究的重要对象。1811 年，奥伯斯提出，彗星是由微小质点所组成的，被一种带电的斥力将它们抛向同太阳相反的方向。1877 年，俄国勃列基兴按斥力和太阳引力之比将彗尾分为三型，由此开始了近代彗星结构理论的研究。⑥太阳黑子观测是在天体物理学诞生以前太阳研究中最有成绩的一项。1826 ～ 1843 年，德国施瓦贝根据长达 17 年的观测，得出黑子有 10 或 11 年的周期变化。1849 年，瑞士 R. 沃尔夫追溯了远至伽利略的观测，提出用统计方法来研究黑子的消长规律，并定出标志太阳活动的指数，即沃尔夫黑子相对数。它至今仍为天文学界广泛使用。

4. 恒星天文学的研究

① 1718 年，哈雷把他观测到的恒星位置同依巴谷、托勒玫的观测结果相比较，发现天狼、参宿四、大角等星的位置本身有变化，由此发现了恒星的自行。② 1748 年，布拉得雷提出，恒星自行可能是太阳运动和恒星运动的综合结果。1783 年，F.W. 赫歇耳通过对 7 颗星的自行的分析，得知太阳在向武仙座方向运动，此后又通过对 27 颗恒星的分析，求出运动向点是在武仙座 λ 附近，和今测点相差不到 10°。1837 年，德国阿格兰德分析了 390 颗星的自行，证实了 F.W. 赫歇耳的结论。③英国赖特（1750）、德国康德（1755）、朗伯特（1761）等人都提出了恒星组成一个有限的呈扁平圆盘状的银河系，而且银河系外还有别的星系的思想。从 18 世纪 80 年代开始，F.W. 赫歇耳首创用统计恒星数目的方法来研究银河系结构。他计数了从赤纬 -30° 到 +45° 的 117600 颗星。1785 年，他接受了银河系为扁平圆盘状的假说。他的儿子 J.F. 赫歇耳曾到好望角计数恒星，再次证实了北半球的统计结论，并进而提出了银河平面的概念，

把它作为恒星系的基本定标平面。④ 1802 年，F.W. 赫歇耳从双星间距离的测定中发现，有些双星有互相环绕作周期运动的现象。后来 V.Y. 斯特鲁维在爱沙尼亚使用游丝测微器对双星轨道进行了大量的精密测定。这项工作为研究恒星质量提供了重要的资料。⑤由于仪器的进步和技术的提高，19 世纪 30 年代终于测出自哥白尼以来天文学家长期寻求的恒星三角视差。1837 年、1838 年、1839 年三年间，V.Y. 斯特鲁维、贝塞尔和英国 T. 亨德森分别报告了他们对织女一、天鹅座 61 和半人马座 α 的观测结果。从此，天文学家才有可能获得对恒星距离的科学认识。⑥ 1887 年，V.Y. 斯特鲁维的孙子 L.O. 斯特鲁维从银河系是个固体的假设出发，分析恒星的自行，得出银河系自转的结论。不过，所得出的角速度值很不准确。

恒星

[四、20 世纪天文学]

天文学在20世纪的发展是空前的。19世纪中叶诞生的天体物理学，一跃而成为天文学的主流。20世纪40年代后期打开了射电天窗，兴起了一门利用波长从毫米到米的电磁辐射研究天体的新学科。60年代，航天时代的到来，使天文学冲破了地球大气的禁锢，到大气外去探测宇宙的远紫外、X射线和γ射线辐射。天文学开始成为全波段的宇宙科学，使我们得以考察大到150亿光年空间深度的天象，并追溯早于150亿年前的宇宙事件。20世纪天文学进入了黄金时代，为阐明地球、太阳和太阳系的来龙去脉、星系的起源和演化、宇宙的过去和未来、地外生命和地外文明等重大课题做出了贡献。

1. 经典天文学的进展——天体力学的新成就

在20世纪上半叶已经成熟的经典分析方法仍在继续发展。较重要的成果有E.W. 布朗的月球运动理论和1919年F.E. 罗斯改进的火星运动理论。除分析方法外，20世纪初还出现了一条新的发展途径，这就是庞加莱提出的天体力学定性理论，其中包括变换理论、特征指数理论、周期解理论和稳定性理论，对以后的天体力学发展有较大的影响。19世纪纽康证实水星近日点进动问题中有超差。这个问题用经典力学再也无法解释。直到1915年广义相对论问世后才得到解释。

空间太阳探测器

20世纪50年代以后出现了两个新的因素。一是人造卫星和空间探测器的发射，向天体力学提出了新课题，由此并发展成一个新的学科分支——

天文动力学，专门研究这些飞行器的运动问题。二是快速电子计算机的出现，使计算的速度和精度有极大的提高，从而使需要繁重计算工作的天体力学数值方法得到迅速发展。从1968年开始，电子计算机已用于分析方法中的公式推导，因而使摄动理论也得到很大的发展。此外，60年代建立的卡姆（KAM）理论，是对定性理论的重大发展。70年代，三体问题的拓扑学研究成为一个活跃的领域。

2. 天体物理学的进展

光学望远镜和天体物理方法的发展。镜面材料、精密机械和自动控制的进展，极大地改善和增强了天文学家的“望远”能力。19世纪末，还只有美国利克天文台一架0.9米反射望远镜，到1978年，口径2.0～6.0米的大型反射望远镜已有23架，另有13架正在建造。大型天文光学仪器在南半球分布较少的局面正在改变。70年代以来一直在研制有效口径为10～25米的下一代望远镜。B.V.施密特1931年发明的折反射望远镜（后人称这种新型的强光力和大视场的望远镜为施密特望远镜），近半个世纪以来一直是探索银河系和河外深空的有效工具。在19世纪末，照相底片是人眼以外唯一有效的辐射接收器。20世纪初开始光电光度技术的实验。第二次世界大战后出现多种高效的光电转换装置，借此探测到以往用同样聚光设备不可能记录到的微弱辐

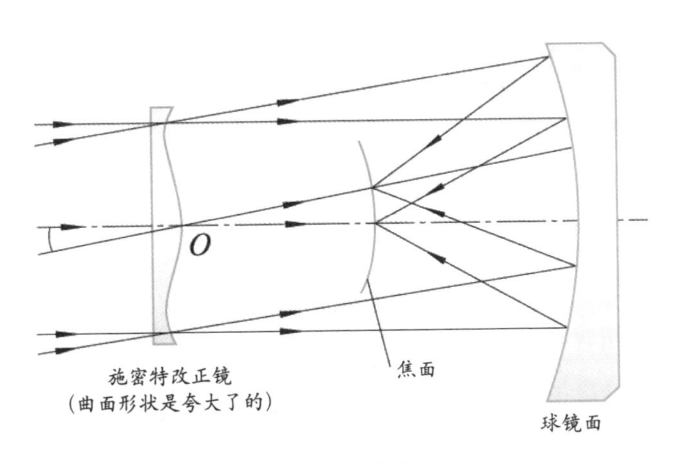

施密特望远镜光学系统

射，同时提高了观测和处理天文底片的自动化程度。

多色测光方法是在古老的目视光度测量的基础上发展起来的，但现在有了新的天体物理含义。采取这种方法获得关于天体的表面温度、颜色、分光能量分布、本征光度、距离、星际红化等情报。天体多色测光和天体分光光度测量都是以光谱理论为基础的，是了解天体视向运动、星族属性、物理参量和化学成分的最有效方法。H.L. 约翰逊、摩根、斯特龙根、O. 斯特鲁维等都为实测天体物理做出了创造性的贡献。1910 年，德国的威尔森等测定了恒星温度，进而算出恒星的直径。此外，理论天体物理研究有了新的发展。爱丁顿、米尔恩、钱德拉塞卡、M. 史瓦西等人运用理论天体物理方法，卓有成效地探讨了恒星大气理论、恒星和行星的内部结构、星际物质的特性和状态、恒星的能源和演化。

3. 光学波段以外天体辐射的探测

下面按各种波段分别叙述。

射电波段 虽然早在 20 世纪 30 年代初央斯基等人就发现了来自地球以外的宇宙无线电波，但通过光学波段以外的“天窗”，用无线电方法接收并研究天体的射电辐射，则是 40 年代的事。那时，海伊、博尔顿、赖尔等人相继探测射电天空，从而建立了射电天文学。几十年来，射电望远镜从直径只有几米的抛物面天线，发展到 305 米固定式抛射面天线。从当年怀尔德的射电频谱仪（1949）、克里斯琴森的射电干涉仪（1951），进展到现代综合孔径射电望远镜和甚长基线干涉仪。通过大气

星系的射电辐射

射电窗，探查到银河系核心的活动，描绘了旋涡结构，发现了50多种星际分子，100多个超新星遗迹，300多个脉冲星，上千个射电星系和类星射电源，探测到各向同性的宇宙微波背景辐射，并用射电方法试图与可能存在的地外文明取得联系。

红外波段　地球大气能透过某些波长的红外辐射早已为人们所知。60年代制成了致冷的红外灵敏器件，红外手段终于成为探测星空的武器。0.7～2.5微米的近红外波可以在地面接收，而2.5～100微米的远红外和0.1～1毫米的亚毫米波，则需到大气之外才能观测。后来，H.L.约翰逊、诺伊吉保尔、沃尔克等人的地面和空间观测，表明红外手段在探测行星、冷星、尘埃中的恒星、银河系暗星云、类星体和其他特殊星系的本原方面，有极大潜力。

室女座星系团

紫外波段　地球大气对波长短于4000埃的辐射完全不透明。人们习惯把4000～100埃波段叫紫外波段，其中1700～100埃波段称远紫外波段。早在1946年就用高空火箭取得了太阳的紫外光谱。1962年以来从“轨道太阳观测台”（OSO）卫星系列获得大量太阳的紫外辐射光谱资料。1968年发射的“轨道天文台”2号，载有一个紫外接收器，记录了5761个紫外辐射源。它们分别是近距热星的冕、有激烈活动的亚矮星、热亚矮星、白矮星、行星状星云、耀星、矮新星和脉冲星。“特德”-1A（TD-1A）紫外天文卫星的分光光度测量表明，实测到的能量分布同理论模型所预期的有所偏离。

X波段　100～0.01埃波段的辐射称为X射线。60年代以来，由于“轨道太阳观测台”卫星系列的发射成功，太阳X射线方面的工作首先获得成果，查明太阳X辐射的三个成分及其不同的辐射区。70年代以后，进一步查明了太阳X射线爆发的能谱和偏振，发现X射线耀斑和冕洞。

在非太阳X射线天文学方面，早在1962年，第一次发现天蝎座方向有一个强大的X射线源。1969年发现蟹状星云脉冲星NP0532的X脉冲辐射。1970年第一个观测X射线的小型天文卫星——美国的"自由"号进入巡天轨道。随后，荷兰天文卫星、英国的"羚羊"5号、印度的"阿耶波多"号，以及美国的小型天文卫星-C、"轨道太阳观测台"8号、"高能天文台"1号和2号等X射线卫星和高能天文台相继探空。"自由"号的资料到1977年已编出4个X射线源表。根据贾科尼、古尔斯基等人证认，在"自由"号星表中的339个X射线源中，有能量集中在X波段的、处于演化终端的X射线星、脉冲星、超新星遗迹、暂现源和爆发源、球状星团、塞佛特星系、类星体和星系团。其中1975年发现的宇宙X射线爆发，是70年代天体物理学的重大发现之一。X射线天文学的诞生，为我们展示了一幅与光学天空完全不同的宇宙面貌。X射线天文、光学天文和射电天文已构成20世纪天文学的三个鼎足而立的强大支柱。

γ波段 人们把波长短于0.01埃的辐射称之为γ射线辐射。1948年以后就有人进行过宇宙γ射线探测，但未成功。1958年莫里森从理论上预言某些天体可能发射强的γ射线。1962年两个月球轨道上的卫星"徘徊者"3号和5号发现了弥漫宇宙γ射线辐射。1967年"轨道太阳观测台"3号卫星探测到来自银盘的能量高于50兆电子伏的γ射线辐射。1972年在8月4日和7日两次太阳耀斑事件中探测到γ射线爆发。1973年证实存在宇宙X射线爆发。X射线天文学具有巨大潜力，不过高能γ辐射的强度，无论就其绝对量来说，还是相对于宇宙射线来说，都是很小的。宇宙γ辐射的观测不能用光学技术，只能用粒子计数器，因而分辨率和准直定向本领较差。到1978年底，探测到的银河系分立γ射线源一共只有13个，其中8个已证认为超新星遗迹。

第三章 古典星象——中国古代天文学名词

[一、斗建]

斗建的意义是《史记·历书》集解所说的“随斗杓所指建十二月”。公元前4000～前1000年间，北斗七星比现在更接近北天极，处于恒显圈内，每天晚上都可见到。

在中国古代，发现不同季节的黄昏时，北斗斗柄的指向是不同的。因此，把斗柄的指向作为定季节的标准。《鹖冠子》说：“斗柄东指，天下皆春；斗柄南指，天下皆夏；斗柄西指，天下皆秋；斗柄北指，天下皆

日落

冬。”这就是指当时不同季节里黄昏时看到的天象。春秋战国时期，天文学有了进一步的发展，为使斗柄指示的方向与月份更密切配合，人们将地面分成十二个方位，分别以十二地支表示：正北为子，东北为丑、寅，正东为卯，等等。夏正十一月黄昏时斗柄指北方子，十二月、正月指东北方丑、寅，二月指东方卯……十月指西北方亥，下一个十一月又回到北方子。这就是古代天文历法中经常提到的“十一月建子、十二月建丑、正月建寅”等十二月建。

[二、三正]

三正指三种不同岁首的历法。“正”是指正月。三正是夏正、殷正、周正。《左传》说：“火出，于夏为三月，于商为四月，于周为五月。”大火星黄昏中天时，夏历为三月，商历为四月，周历为五月。这表示三种历法的正月是在不同的时节。《史记·历书》说：“夏正以正月，殷正以十二月，周正以十一月。”这是以夏历为标准的。这两种说法实质是一致的。《左传》《史记》都认为夏朝用夏正、商朝用殷正、周朝用周正。

古人也大都沿用此说。《史记·历书》更认为：“盖三王之正若循环，穷则反本”，意思说，三种历法是轮流交替行用的。这种说法是汉代的一种历史循环论“三统说”的一个组成部分。到近代，中国的王韬、朱文鑫，日本的新城新藏等人根据对《春秋》历法的研究，认为三正交替之说，只是春秋战国时宣传改变历法的托词，未必真有其事。科学史专家钱宝琮更认为，所谓夏、殷、周三种历法，实际是春秋时代夏、殷、周三个民族地区的历法，而不是三个王朝的历法。

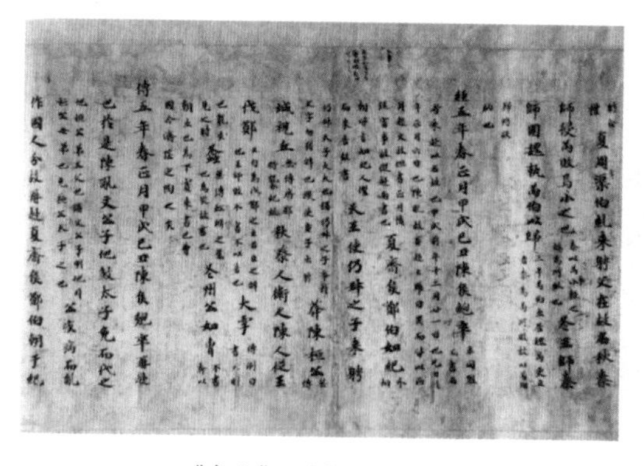

《春秋》（唐代手抄）

[三、朔望]

朔是指月球与太阳的地心黄经相同的时刻。这时月球处于太阳与地球之间，几乎和太阳同起同落，朝向地球的一面因为照不到太阳光，所以从地球上是看不见的。望是指月球与太阳的地心黄经相差 180° 的时刻。这时地球处于太阳与月球之间。月球朝向地球的一面照满太阳光，所以从地球上看来，月球呈光亮的圆形，叫作满月或望月。从朔到下一次朔或者从望到下一次望的时间间隔，称为一朔望月，约为 29.53059 日。这只是一个平均数，因为月球绕地球和地球绕太阳的轨道运动都是不均匀的，二者之间也没有简单的关系。因此，每两次朔之间的时间是不相等的，最长与最短之间约差 13 小时。在中国古代历法中，把包含朔时刻的那一天叫作朔日，把有望时刻的那一天叫作望日；并以朔日作为一个朔望月的开始。在历日的安排中，通常为大小月相间，经过 15 ～ 17 个月，接连有两个大月。

东汉以前的历法中，都是把月行的速度当作不变的常数，以朔望月的周期来算朔，算出的朔后来称作“平朔”。东汉前后发现了月亮运动的不均匀性，此后人们就设法对平朔进行修正，以求出真正的朔，称为“定朔”。首次载有这种修正算法的历法，是刘洪创制的《乾象历》。隋代刘焯的《皇极历》，才把日行也有迟疾（就是地球绕日运动不均匀性的反映）的因素考虑到“定朔”的计算中去。

满月

［四、上元积年］

古代历法中一般都设有历元，作为推算的起点。这个起点，习惯上是取一个理想时刻。通常取一个甲子日的夜半，而且它又是朔，又是冬至节气。从历元更往上推，求一个出现“日月合璧，五星连珠”天象的时刻，即日月的经纬度正好相同，五大行星又聚集在同一个方位的时刻。这个时刻称为上元。从上元到编历年份的年数叫作积年，通称上元积年。上元实际就是若干天文周期的共同起点。有了上元和上元积年，历法家计算日、月、五星的运动和位置时就比较方便。中国推算上元积年的工作，首先是从西汉末年的刘歆开始的。刘歆的《三统历》以 19 年为 1 章，81 章为 1 统，3 统为 1 元。经过 1 统即 1539 年，朔旦、冬至又在同一天的夜半，但未回复到甲子日。经 3 统即 4617 年才能回到原来的甲子日，这时年的干支仍不能复原。《三统历》又以 135 个朔望月为交食周期，称为“朔望之会”。1 统正好有 141 个朔望之会。所以交食也以 1 统为循环的大周期。这些都是以太初元年十一月甲子朔旦夜半为起点的。刘歆为了求得日月合璧、五星连珠的条件，又设 5120 个元、23639040 年的大周期，这个大周期的起点称作太极上元。太极上元到太初元年为 143127 年。在刘歆之后，随着交点月、近点月等周期的发现，历法家又把这些因素也加入理想的上元中去。

日、月、五星各有各的运动周期，并且有各自理想的起点，例如，太阳运动的冬至点，月亮运动的朔、近地点、黄白交点等等。从某一时刻测得的日、月、五星的位置离各自的起点都有一个差数。以各种周期和各相应的差数来推算上元积年，是一个整数论上的一次同余式问题。随着观测越来越精密，一次同余式的解也越来越困难，数学运算工作相当繁重，所得上元积年的数字也非常庞大。这样，对于历法工作就很少有实际意义，反而成了累赘。后经傅仁均、杨忠辅等作尝试性的改革以后，元代郭守敬在创制《授时历》中废除了上元积年。

[五、岁星纪年]

中国古代很早就认识到木星约十二年运行一周天。人们把周天分为十二分，称为十二次，木星每年行经一次，就用木星所在星次来纪年。因此，木星被称为岁星，这种纪年法被称为岁星纪年法。此法的起源年代还不清楚，但在春秋、战国之交很盛行。因为当时诸侯割据，各国都用本国年号纪年，岁星纪年可以避免混乱和便于人民交往。《左传》《国语》中所载“岁在星纪”“岁在析木”等大量记录，就是用的岁星纪年法。

除了十二次之外，天上又有十二辰的分划（用子、丑、寅、卯、辰、巳、午、未、申、酉、戌、亥十二地支来称呼）。它的计量方向和岁星运行的方向相反，即自东向西。由于十二地支的顺序为当时人们所熟知，因此，人们又设想有个天体，它的运行速度也是十二年一周天，但运行方向是循十二辰的方向。这个假想的天体称为“太岁”。当岁星和“太岁”的初始位置关系规定后，就可以从任何一年岁星的位置推出“太岁”所在的辰，因而就能以十二辰的顺序来纪年。当时又对“太岁”所在的子、丑、寅、卯、辰、巳、午、未、申、酉、戌、亥十二个年，给以相应的专名，依次是：困敦、赤奋若、摄提格、单阏、执徐、大荒落、敦牂、协洽、涒滩、作噩、阉茂、大渊献。如《汉书·律历志》有：汉高祖元年“岁在大棣（鹑首），名曰敦牂，太岁在午”的记载。有了地支关系，再配上天干，就与干支顺序相关联。在岁星纪年中，对甲、乙、丙、丁、戊、己、庚、辛、壬、癸十个年也给以专名，依次为：阏逢、旃蒙、柔兆、强圉、著雍、屠维、上章、重光、玄黓、

木卫一上看木星

汉武帝

昭阳。这样，甲寅年可写为阏逢摄提格，余类推。这些岁名在不同的古书中有不同的写法。上面所列的是《尔雅·释天》所载的通用写法。

岁星实际约11.86年运行一周。过八十多年，岁星实际位置将超过理想计算位置一次。岁星纪年法用久之后，就与实际天象不符。于是，必须改革历法，调整岁星和“太岁”的位置。因此，当时各种历法的岁星纪年法是有出入的。汉太初以后，岁星纪年法与后世的干支纪年法相连接，从太初上溯至秦统一中国时，岁星纪年比干支纪年落后一辰，上溯至战国时期则落后二辰。西汉末刘歆提出岁星每144年超一次的算法，但实际上未在纪年法中应用。东汉改用《四分历》时，废止了岁星纪年法，沿用干支纪年法。

干支，以六十为周期的序数，用以纪日、纪年等。它以十天干：甲、乙、丙、丁、戊、己、庚、辛、壬、癸，以及十二地支——子、丑、寅、卯、辰、巳、午、未、申、酉、戌、亥顺序相配组成。从甲子、乙丑……直至癸亥。干支在中国历法史上占有重要地位。早在殷商时代就使用六十干支纪日。一日一个干支名号，日复一日，循环使用，从不间断。中国的历史虽然很长，只要顺着干支往上推，历史日期就清清楚楚。这是中国古代创用干支法的功绩。在古代历法中也使用干支法，只要求出气、朔的干支，其余就一目了然。干支法不但用于纪日，还用于纪年。古人也用十二地支纪时、纪月。地支纪时就是将一日均分为十二个时段，分别以十二地支表示，子时为现在的二十三点至一点，丑时为一点至三点，等等，称为十二时辰。地支纪月就是把冬至所在的月称为子月，下一个月称为丑月，等等。《两千年中西历对照表》（生活·读书·新知三联书店，1956年版）有西汉平帝元始元年（公元1年）以来两千年的年和日的干支。

[六、二十四节气]

古代一组节令的总称。即自立春至大寒共二十四个节气，以表征一年中天文、季节、气候与农业生产的关系。它是中国古代独特的创造。作为一部完整的农业气候历，在指导中国农业生产上发挥了较大作用，沿用至今。

形成和发展 二十四节气的形成和发展与中国农业生产的发展紧密相连。农业发展初期，由于播种和收获等农事活动的需要，开始探索农业生产的季节规律，出现了春种、夏长、秋收、冬藏的概念。春秋战国以后随着铁制农具的出现，农业生产对季节性的要求更高了，就逐渐形成了节气的概念。春秋时已用土圭测日影定节气。最初只有夏至、冬至，随后逐渐增加了春分、秋分及立春、立夏、立秋、立冬。西汉《淮南子·天文训》中始有完整的二十四节气的记载，它是以北斗星斗柄的方位定节气。定立春为阴历的正月节（节气），雨水为正月中（中气），依此类推。全年共十二节气和十二中气，后人就把节气和中气统称为节气。二十四节气在天文学上是以视太阳在黄道上的位置来确定的。以黄经 0° 为春分，以下每 15° 为一节气，周天为 360° 而成二十四节气。在公历上每个月两个节气的日期也基本固定。二十四节气后传入朝鲜、日本等邻国。日本在江户时代（1603 ～ 1867）开始采用，并传至今日。

名称及含义 二十四节气形成于黄河流域中下游地区，所以其名称和含义基本上反映了这个地区的农业生产季节和农业气候特征。

二十四节气名称及意义

节气	农历	黄经（度）	公历		意义
			月	日	
立春	正月节	315°	2	4 或 5	春季开始
雨水	正月中	330°		19 或 20	开始降雨
惊蛰	二月节	345°	3	5 或 6	冬眠蛰虫（土鳖虫）开始复苏
春分	二月中	0°		20 或 21	昼夜平分
清明	三月节	15°	4	4 或 5	天气晴朗、温暖，草木开始现青
谷雨	三月中	30°		20 或 21	降水明显增加，有利谷物生长
立夏	四月节	45°	5	5 或 6	夏季开始
小满	四月中	60°		21 或 22	夏热谷物籽粒开始饱满

二十四节气名称及意义（续表）

节气	农历	黄经（度）	公历 月	公历 日	意义
芒种	五月节	75°	6	5或6	夏收夏种季节
夏至	五月中	90°		21或22	炎热的时期将至
小暑	六月节	105°	7	7或8	酷暑季节到来
大暑	六月中	120°		23或24	一年中最热的季节
立秋	七月节	135°	8	7或8	秋季开始
处暑	七月中	150°		23或24	炎热的季节即将结束
白露	八月节	165°	9	7或8	气温下降快，夜间多露水
秋分	八月中	180°		23或24	昼夜平分
寒露	九月节	195°	10	8或9	湿度大，气温低，露重而来
霜降	九月中	210°		23或24	天气渐冷，开始结霜
立冬	十月节	225°	11	7或8	冬季开始
小雪	十月中	240°		22或23	开始下雪
大雪	十一月节	255°	12	7或8	雪渐大，可有积雪
冬至	十一月中	270°		21或22	寒冷时期将至
小寒	十二月节	285°	1	5或6	严寒季节到来
大寒	十二月中	300°		20 或21	一年中最冷的季节

二十四节气与农业气候 二十四节气中反映日照长短的有春分、夏至、秋分和冬至；反映温度的有小暑、大暑、处暑、霜降、小寒和大寒；同时反映温、湿度的有白露、寒露；反映降水的有雨水、谷雨、小雪和大雪。其余则是反映自然物候和农业物候的。所以可将二十四节气看作是一部全年的农业气候历。反映日照的二分、二至四个节气和反映温度的小暑、大暑、小寒、大寒，在全国和一些邻国基本上都能适用。其余各节气则大都是黄河中下游地区农业气候特征的写照。如立春、立冬与这一地区日最高气温小于0℃的初终日期吻合；立夏与这一地区候平均气温开始达到22℃以上的日期基本相符；霜降与这一地区地面最低温度0℃的始现日期一致，这些在黄河流域中下游以外的地区则不适用。其他地区在使用二十四节气时，常根据当地农业气候特点，赋以适于当地的内容。

二十四节气与农业生产 二十四节气应农业生产的需要而产生，在其形成之初就已应用于生产。战国末期的《吕氏春秋》中有按夏至计算始耕日期的记载。东汉《四民月令》中已广泛用节气定农时。以后的历代农书更广为引用，作为决定农时的根据。元代《王祯农书》中设计了一个《授时指掌活法之图》，

按二十四节气、七十二候逐一编排农事，把二十四节气从农业气候历发展为系统的农事历。随着农业的发展，各地按节气编出大量的农谚、歌谣用以指导农业生产，成为中国农业气象经验的宝库。现代农业气象学兴起以后，很多地区将二十四节气与农业气象资料相结合，编制农业气候历、农事历或农事活动表，使古代经验与现代科学技术结合，相互参照、补充，在现代农业生产中继续发挥作用。

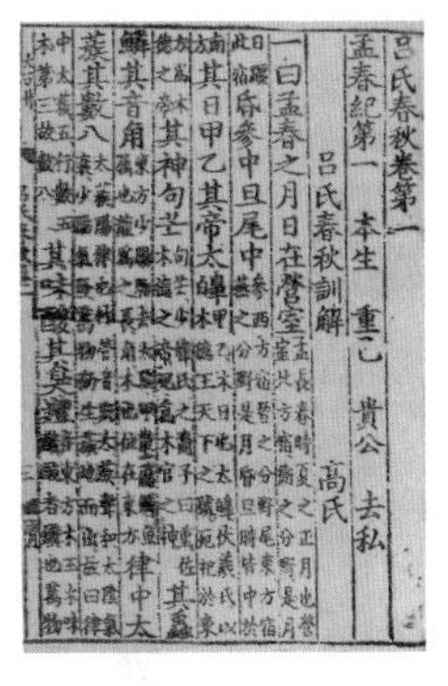
呂氏春秋卷第一
孟春紀第一 本生 重己 貴公 去私
呂氏春秋訓解 高氏
一曰孟春之月日在營室
昏參中旦尾中
其日甲乙其帝太皞
其神句芒 其蟲
鱗其音角 律中太
蔟其數八
其味酸其臭羶

《吕氏春秋》

［七、日法］

回归年和朔望月的长度都不是整数日，中国古代用分数来表示这两个数据。在唐李淳风以前，不同的历法对朔望月和回归年用不同的分母。

《三统历》将朔望月的分母 81 称为日法（历中朔望月的长度为 29 + 43/81 日），而将回归年的分母称为统法。东汉《四分历》则相反，《四分历》的回归年长度为 365 + 1/4 日，称 4 为日法；朔望月的长度为 29 + 499/940 日，称 940 为蔀月。但是，用日法朔望月的分母则较为普遍。李淳风以后，这些有关周期的基本天文数据都用同一个分母来表示。日法的意思就成了把一日分成若干分的总分数。不过有些历法仍对日法用不同的名称，例如，在李淳风《麟德历》中就称为“总法”。

［八、岁实和朔策］

清朝的历法称以日为单位的回归年长度为岁实，朔望月长度为朔策。

近代人在历法史研究中也大都沿用这些名称。但是，这两个名称的含义

南怀仁为康熙皇帝制作的浑天仪（清朝）

有一个演变过程。唐《崇玄历》中开始用岁实、朔实等名称和数值，但这些数值还必须除以分母“通法”，才得到以日为单位的回归年长度和朔望月长度。宋朝历法中开始有朔策的名称，意义也和朔望月一致。金代的《大明历》中的“岁实”的意义和《崇玄历》相同，而另一名称“岁策”，则是指回归年长度。直到清朝才将朔望月长度定名为朔策，将回归年长度定名为岁实。

[九、闰周]

闰周是设置闰月的周期。在阴阳历即中国通用的农历中，12 个朔望月比一回归年约少 11 天，需要设置闰月来调整季节与月份的关系。

在春秋战国时，人们发现 19 个回归年与 235 个朔望月非常接近。“四分历”就是按二者完全相等来制定的，19 年中安排 7 个闰月，就是 19 年 7 闰。但是闰周的名称古人很少使用，古人称 19 为章岁，7 为章闰。后人把章岁和章闰合称为闰周。随着科学发展，19 年 7 闰显得粗略，人们就寻求更精密的闰周。北凉赵歐首次创用 600 年 221 闰的闰周。祖冲之改用 391 年 144 闰，比赵歐更精密。此后 19 年 7 闰法就废了。中国可能在战国时已经发明二十四节气，其中有十二个中气。西汉制定《太初历》时，规定以无中气之月为闰月，此后都采用这种置闰方法。这时，新的闰周是更精密地测定回归年和朔望月之后的自然结果。它对于安排闰月来说意义就不大了。从唐李淳风的《麟德历》起，就不再定闰周。

第四章 谜图奇观——中国古星图和古天文台

[一、《敦煌星图》]

这是发现于中国甘肃敦煌莫高窟藏经洞的唐代卷子本星图。现存于英国。为了与甘肃省敦煌市博物馆收藏的唐代卷子本《紫微宫图》（通称《敦煌星图乙本》）相区别，此图又称《敦煌星图甲本》。图中绘有1350颗恒星，是世界上遗存的最古老的绢制星图。星辰分别用黑点和橙黄色点标出。从12月开始，按照每月太阳位置所在，分12段把赤道附近的星用类似墨卡托圆筒投影的方法画出，然后再把紫微垣画在以北极为中心的圆形平面投影图上。这样就比以前将全天的星都画在一幅圆形的“盖图”或长条形的“横图”上，以致南天的星或北极附近的星偏离实际位置的画法有很大改进。

严格地说，这卷星图只是当时某一正式星图的草摹本，摹绘者虽然保存了原图的星数和大体轮廓，但圆形图上的内规和横图上的赤道与宿度等基本z坐标线都没有画，恒星的位置也不够精确。而正式测绘的星图是不会将这些

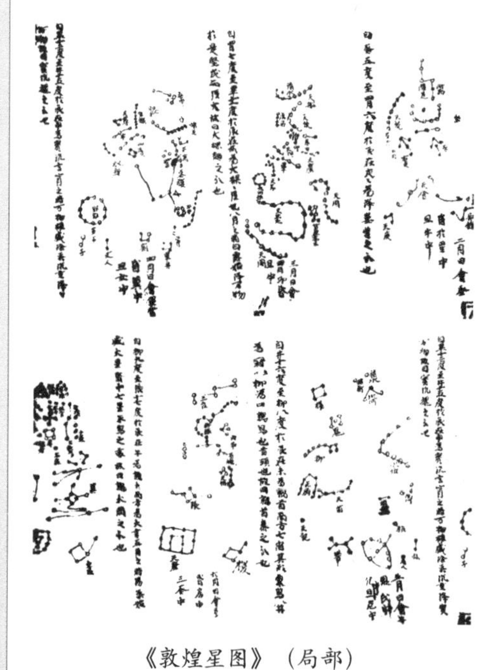

《敦煌星图》（局部）

坐标线略去的，这和时代与之相近的杭州吴越国王钱元瓘墓的石刻星图相比较就可以看出。

这卷星图的年代，李约瑟定为940年，即后晋天福年间；夏鼐定为开元、天宝时期。此卷尾绘有戴硬脚幞头的电神，而硬脚幞头在盛唐之末才流行，故此图的绘制时间可能略晚于盛唐。

[二、苏州石刻天文图]

这是錾刻在一块高2.16米、宽1.06米的大石碑上的天文图，现存江苏省苏州碑刻博物馆。石碑原置苏州文庙戟门口，原有四碑，现存其三：天文图、地理图和帝王绍运图。据地理图下碑文记载，碑石刻于南宋淳祐七年（1247），为永嘉（今浙江温州）人王致远建。原图作者为普成（今四川剑阁附近）人黄裳。他于绍熙元年（1190）向宋太子赵扩献八图，称为“绍熙八图”。其中之一即天文图。

天文图分两部分：上半为一圆形全天星图，下半为说明文字。碑额题“天文图”三字。星图直径约91.5厘米，按照中国古代传统的“盖图”方式绘制。它以天球北极为圆心，画出三个同心圆。内圆称为“内规”，直径19.9厘米，是北纬约35°地方的恒显圈。中圆直径52.5厘米，为天球赤道。外圆称为“外规”，直径85厘米，相当于上述地方恒隐圈的范围。28条辐射状线条与三圆正向交接，分别通过二十八宿的距星。线端界外注有二十八宿宿度数据。外圈又绘有二同心圆，两圈间交叉密注与二十八宿相配合的十二辰、十二次和州、国分野等各 12 个名称。图下的文字说明，概略叙述天文基础知识。全图共刻恒星 1400 多颗，银河带斜贯星图，黄道为一偏心圆与赤道相交于奎宿和角宿范围内的两点。根据史籍记载和对星图本身的研究，可确定该图是根据北宋元丰（1078 ～ 1085）年间一次恒星观测的资料绘制的。这是现存世界上较早的大型石刻实测星图，已被列为全国重点保护文物。

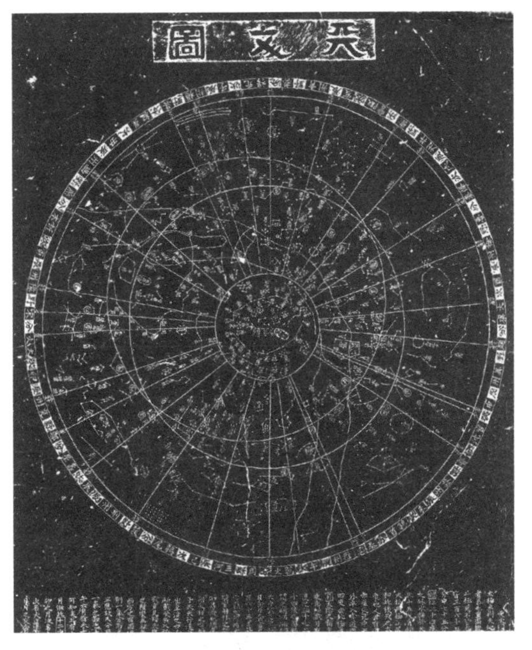

苏州石刻天文图

[三、北京隆福寺藻井天文图]

1977 年夏发现，位于北京隆福寺正觉殿藻井顶部，成于明景泰四年(1453)。天文图用传统盖天画法画在藻井天花板上。

板为正八角形，每边长 75.5 厘米。全板长宽均为 182 厘米，厚 4 厘米。板上裱糊一层粗布底衬，表面涂深蓝色油漆。星象和有关连线及宫次、文学等用沥粉贴金。图中以半径不等的几个同心圆分别显示内、中、外规和重规，还有连接内外规和二十八宿距星的 28 条赤经线，但未标出黄道。最外轮廓线的半径为 87 厘米，画面稍有残缺，现

隆福寺藻井

存星数为1420颗，属于《步天歌》系统。经综合分析：天文图所据母本是一份更为古老的星图，当不晚于唐代。图中分野以秦分（古雍州）为京兆。在现存古星图中，直书秦分野为京兆的，尚属初见。隆福寺天文图作为一幅古老的星象抄本，十分珍贵，现藏北京古代建筑博物馆。

[四、登封观星台]

河南登封周公测景台遗址的高表

中国古代天文观测台，坐落在河南省登封市东南15千米的告成镇北。中国历代许多天文学家曾到这里进行过天文观测。《周礼·地官·司徒》载："以土圭之法，测土深，正日景(古'影字'，下同)，以求地中……日至之景，尺有五寸，谓之地中。"东汉郑玄在注释中引用郑众的话说："土圭之长，尺有五寸。以夏至之日，立八尺之表，其景适与土圭等，谓之地中。今颍川阳城地为然。"今观星台南20米处，尚保存有唐开元十一年（723）由天文官南宫说刻立的纪念石表一座，表南面刻"周公测景台"五字。表高196.5厘米，约为唐小尺8尺，表下石座上面北沿距表36.6～37厘米，切近唐小尺1.5尺，故知此表在规制上与《周礼》所载土圭测景说相近。

现存观星台创建于元朝初年，距今约七百年。它不仅是中国现存最早的天文台建筑，也是世界上重要的天文古迹之一。观星台系砖石混合建筑结构，由盘旋踏道环绕的台体和自台北壁凹槽内向北平铺的石圭两个部分组成。台体呈方形覆斗状，四壁用水磨砖砌成。台高9.46米，连台顶小室统高12.62

米。顶边各长 8 米多，基边各长 16 米多，台四壁明显向中心内倾，其收分比例表现出中国早期建筑的特征。台顶小室是明嘉靖七年（1528）修葺时所建。台下北壁设有对称的两个踏道口，人们可以由此登临台顶。踏道以石条筑成，在环形踏道及台顶边沿筑有 1.05 米高的阶栏与女儿墙，皆以砖砌壁，以石封顶。为了导泄台顶和踏道上的雨水，在踏道四隅各设水道一孔，水道出水口雕作石龙头状。台的北壁正中，有一个直通上下的凹槽，其东、西两壁有收分，南壁上下垂直，距石圭南端 36 厘米。

石圭用来度量日影长短，所以又称“量天尺”。它的表面用 36 方青石板接连平铺而成，下部为砖砌基座。石圭长 31.196 米，宽 0.53 米，南端高 0.56 米，北端高 0.62 米。石圭居子午方向。圭面刻有双股水道。水道南端有注水池，呈方形；北端有泄水池，呈长条形，泄水池东、西两头凿有泄水孔。池、渠底面，南高北低，注水后可自灌全渠，不用时水可排出。泄水池下部，有受水石座一方，为东西向长方形，其上亦刻有水槽一周。

中国著名的天文学家郭守敬在元初对古代的圭表进行了改革，新创比传统“八尺之表”高出 5 倍的高表。它的结构和测影的方法、原理在《元史·天文志》中有较详细的记述。当时建筑在元大都的高表据记载为铜制，圭为石制。表高 50 尺，宽 2 尺 4 寸，厚 1 尺 2 寸，植于石圭南端的石座中，入地及座中 14 尺，石圭以上表身高 36 尺，表上端铸二龙，龙身半附表侧，半身凌空擎起一根 6 尺长、3 寸粗的“横梁”。自梁心至表上端为 4 尺，自石圭上面至梁心 40 尺。石圭长度为 128 尺，宽 4 尺 5 寸，厚 1 尺 4 寸，座高 2 尺 6 寸。圭面中心和两旁均刻有尺度，用以测量影长。为了克服表高影虚的缺陷，测影时，石圭上还加置一个根据针孔成像原理制成的景符，用以接收日影和梁影。景符下为方框，一端设有可旋机轴，轴上嵌入一个宽 2 寸、长 4 寸、中穿孔窍的铜叶，其势南低北高，依太阳高下调整角度。正午时，太阳光穿过景符北侧上的小孔，在圭面上形成一很小的太阳倒像。南北移动景符，寻找从表端横梁投下的梁影。这条经过景符小孔形成的梁影清晰实在、细若发丝。当梁影平分日像时，即可度量日影长度。

登封观星台的直壁和石圭正是郭守敬所创高表制度的仅有的实物例证。所不同的是，观星台是以砖砌凹槽直壁代替了铜表。经过实地勘测推算。直壁高度和石圭长度等结构与《元史》所载多相符合。石圭以上至直壁上沿高36尺，从表槽上沿再向上4尺，即为置横梁处，恰在小室窗口下沿，很适合人们在台顶操作。由此至圭面为40尺。通过仿制横梁、景符进行实测，证明观星台的测量误差相当于太阳天顶距误差1/3角分。

除了测量日影的功能之外，当年的观星台上可能还有观测星象等设施。元初进行“四海测验”时，在此地观测北极星的记录，已载入《元史·天文志》中：“河南府阳城，北极出地三十四度太弱。”（“太弱”为古代一度的8/12）又据明万历十年（1582）孙承基撰《重修元圣周公祠记》碑载：“砖崇台以观星。台上故有滴漏壶，滴下注水，流以尺天。”由此可知，观星台当是一座具有测影、观星和计时等多种功能的天文台。

中华人民共和国成立以后，对观星台台体和有关文物进行了加固维修。1961年，国务院公布登封观星台为全国重点文物保护单位。

登封观星台

[五、北京古观象台]

北京古观象台在今北京东城建国门立体交叉陆桥的西南角。原名观象台或瞻象台。20世纪30年代，中国建立现代天文台后，人们即逐渐称此台为古观象台。

从《明实录》等有明确纪年可考的历史来看，现存古观象台建于明代正统年间（1436～1449）；但台址和仪器涉及金、元两代司天机构的兴废历史。1127年，金兵攻陷汴京（开封），将北宋天文仪器迁运至金的都城——中都。元灭金，中都受到破坏，在中都的东北郊新建大都。元世祖至元十六年（1279）春，选择大都城内东南角建造太史院和司天台，地点就在现存的北京古观象台附近。设计者是元代天文学家郭守敬等，参与铸造仪器的还有尼泊尔著名匠师阿尼哥。元亡之后，天文仪器都被运往新都南京，金台和元台荒废。明永乐四年（1406），明成祖朱棣决定迁都北京，但天文仪器仍留南京。钦天监人员只能在北京城东南城墙上仅凭肉眼观候天象。正统二年，钦天监派人去南京，用木料仿制宋代浑仪和元代简仪等，运回北京校验后浇铸成铜仪。正统七年修钦天监、观星台并安装仪器；正统十一年造晷影堂。从此，北京古观象台和台下西侧有了以紫微殿为主的建筑群，大体上具备今天所看到的规模和布局。嘉靖年间（1522～1567），曾对观象台进行过一次大修。明代在观象台上陈设的天文仪器有浑仪和浑象、简仪。陈设在台下的天文仪器有圭表和漏壶。

清康熙八年至十二年（1669～1673），采用欧洲天文学度量制和仪器结构，制造了6件大型铜仪：天体仪、赤道经纬仪、黄道经纬仪、地平经仪、象限仪（地平纬仪）、纪限仪（距度仪），并安装在观象台上，台上明制仪器则移往台下。康熙五十四年，台上又安装了一件大型仪器——地平经纬仪。因仪器增加，场地不足，就在紧靠台东侧的城墙顶上，将观象台拓宽约5米。

乾隆九年（1744），开始设计和制造玑衡抚辰仪，工期长达10年，制成后也安装在观象台上。它实际上是用西法改进的一种浑仪。这是清代在观象台上安装的第8件仪器，也是最后一件大型铜仪。

1900年，八国联军入侵北京，古观象台上下的天文仪器被德、法侵略军洗劫一空。清钦天监为了应对观测任务，临时赶制两小件仪器应用，即折半天体仪（球径比清初天体仪减小一半）和小地平经纬仪。法国人把地平经纬仪、黄道经纬仪、赤道经纬仪、象限仪、简仪等搬入法国驻华使馆，后于1902年归还。德国人将劫走的天体仪、地平经仪、纪限仪、玑衡抚辰仪、浑仪等运往柏林。第一次世界大战后，根据和约规定，这些仪器于1921年运回北京。1931年，古观象台下陈列的浑仪、简仪、圭表、漏壶（两个）、小地平经纬仪、折半天体仪共7件迁往南京，现陈列于紫金山天文台和南京博物院。北京古观象台留有陈设在台上的8件清制天文仪器。

从明正统初年起，到1929年止，北京古观象台连续从事观测近五百年。在世界上现存的古观象台中，保持着连续观测最久的历史记录。北京古观象台也以建筑（包括台体和附属建筑群）完整和仪器配套齐全，在国际上久负盛名。清代制造的8件铜仪除了造型、花饰等方面具有中国的传统特色外，在刻度、游表等方面，还反映了西欧文艺复兴时代以后大型天文仪器的进展和成就，成为东西方文化交流的历史见证。中华人民共和国成立后，北京古观象台已改建为北京古代天文仪器陈列馆，属于北京天文馆。

北京古观象台遗址

第五章 银浦流云——中国古代宇宙学说

[一、盖天说]

中国古代的一种宇宙学说。据《晋书·天文志》记载："其言天似盖笠，地法覆槃，天地各中高外下。北极之下为天地之中，其地最高，而滂沲四隤，三光隐映，以为昼夜。天中高于外衡冬至日之所在六万里。北极下地高于外衡下地亦六万里，外衡高于北极下地二万里。天地隆高相从，日去地恒八万里。"按照这个宇宙图式，天是一个穹形，地也是一个穹形，就如同心球穹，两个穹形的间距是八万里。北极是"盖笠"状的天穹的中央，日月星辰绕之旋转不息。盖天说认为，日月星辰的出没，并非真的出没，而只是离远了就看不见，离得近了，就看见它们照耀。据东汉学者王充解释："今试使一人把大炬火，夜行于平地，去人十里，火光灭矣；非灭也，远使然耳。今，日西转不复见，是火灭之类也。"

盖天说宇宙结构理论力图说明太阳运行的轨道，持此论者设计了一个七

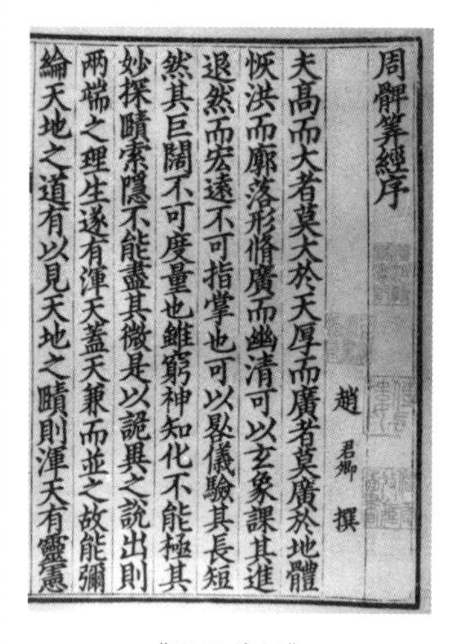
周髀算經序

趙 君卿 撰

夫高而大者莫大於天厚而廣者莫廣於地體恢洪而廓落形脩廣而幽清可以玄象課其進退然而宏遠不可指掌也可以晷儀驗其長短然其巨闊不可度量也雖窮神知化不能極其妙探賾索隱不能盡其微是以詭異之說出則兩端之理生遂有渾天蓋天兼而並之故能彌綸天地之道有以見天地之賾則渾天有靈憲

《周髀算经》

衡六间图，图中有7个同心圆。每年冬至，太阳沿最外一个圆，即“外衡”运行，因此，太阳出于东南没于西南，日中时地平高度最低；每年夏至，太阳沿最内一圆，即“内衡”运行，因此，太阳出于东北没于西北，日中时地平高度最高；春、秋分时太阳沿当中一个圆，即“中衡”运行，因此，太阳出于正东没于正西，日中时地平高度适中。各个不同节令太阳都沿不同的“衡”运动。这个七衡六间图是力图定量地表述盖天说的宇宙体系，载于汉赵爽注《周髀算经》。因此，盖天说又称周髀说。又《晋书·天文志》亦载，“周髀家云：‘天员（圆）如张盖，地方如棋局’”。这与《周髀算经》里所载的盖天说不同，实际上是较古的天圆地方说。中国科学史家钱宝琮等认为，这是第一次盖天说，而《周髀算经》所载的，则是第二次盖天说。南北朝时祖暅著《天文录》中载，“盖天之说，又有三体：一云天如车盖，游乎八极之中；一云天形如笠，中央高而四边下；一云天如欹车盖，南高北下”。

由此可见，盖天说宇宙结构理论也有不同的学派，可能是不同时代里向不同方向的发展。大体上可以说，盖天说形成于周初，而到了《周髀算经》的写作年代，即公元前1世纪，已经形成一个完整的、定量化的体系。它反映了人们认识宇宙结构的一个阶段，在描述天体的视运动方面也有一定的历史意义。

[二、浑天说]

中国古代的一种宇宙学说。浑天说的代表作《张衡浑仪注》中说：“浑天如鸡子。天体圆如弹丸，地如鸡子中黄，孤居于天内，天大而地小。天表里有水，天之包地，犹壳之裹黄。天地各乘气而立，载水而浮。周天三百六十五度又四分度之一，又中分之，则半一百八十二度八分度之五覆地上，半绕地下，故二十八宿半见半隐。其两端谓之南北极。北极乃天之中也，在正北，出地上三十六度。然则北极上规径七十二度，常见不隐。南极天地之中也，在正南，入地三十六度。南规七十二度常伏不见。两极相去一百八十二度强半。天转如车毂之运也，周旋无端，其形浑浑，故曰浑天。”可见浑天说比盖天说进了一步，它认为天不是一个半球形，而是一整个圆球，地球在其中，就如鸡蛋黄在鸡蛋内部一样。不过，浑天说并不认为“天球”就是宇宙的界限，它认为“天球”之外还有别的世界，即张衡所谓：“过此而往者，未之或知也。未之或知者，宇宙之谓也。宇之表无极，宙之端无穷。”（《灵宪》）

浑天说最初认为：地球不是孤零零地悬在空中的，而是浮在水上；后来又有发展，认为地球浮在气中，因此有可能回旋浮动，这就是“地有四游”的朴素地动说的先河。浑天说认为全天恒星都布于一个“天球”上，而日月五星则依附于“天球”上运行，这与现代天文学的天球概念十分接近。因而浑天说采用球面坐标系，如赤道坐标系，来量度天体的位置，计量天体的运动。在古代，如恒星的昏旦中天、日月五星的顺逆去留，都采用浑天说体系来描述，所以，浑天说不只是一种宇宙学说，更是一种观测和测量天体视运动的计算体系，类似现代的球面天文学。

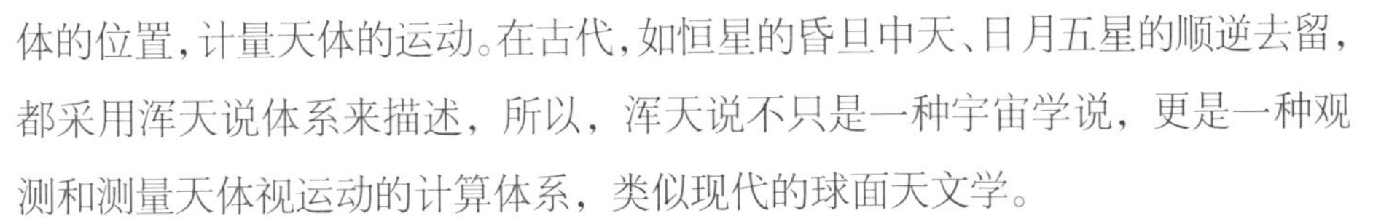

浑天说可能始于战国时期。屈原《天问》：“圜则九重，孰营度之？”这里的“圜”有的注家认为就是天球的意思。西汉末的扬雄提到了“浑天”这个词，这是现今所知的最早的记载。他在《法言·重黎》篇里说：“或问浑天。曰：落下闳营之，鲜于妄人度之，耿中丞象之。”这里的“浑天”是浑天仪，实即浑仪的意思。扬雄是在和“盖天”对照的情况下来说这段话的。由此可见，落下闳时已有浑天说及其观测仪器。

[三、宣夜说]

中国古代的一种宇宙学说。据《晋书·天文志》记载："汉秘书郎郗萌记先师相传云：'天了无质，仰而瞻之，高远无极，眼瞀精绝，故苍苍然也。譬之旁望远道之黄山而皆青，俯察千仞之深谷而窈黑，夫青非真色，而黑非有体也。日月众星，自然浮生虚空之中，其行其止皆须气焉。是以七曜或逝或住，或顺或逆，伏见无常，进退不同，由乎无所根系，故各异也。故辰极常居其所，而北斗不与众星西没也。摄提、填星皆东行，日行一度，月行十三度，迟疾任情，其无所系著可知矣。若缀附天体，不得尔也。'"由此可见，宣夜说认为，所谓"天"，并没有一个固体的"天穹"，而只不过是无边无涯的气体，日月星辰就在气体中飘浮游动。因此，宣夜说是中国古代一种朴素的无限宇宙观念。

宣夜说的历史渊源，可以上溯至战国时代的《庄子》。《庄子·逍遥游》："天之苍苍其正色邪？其远而无所至极邪？"就用提问的方式表述了自己对宇宙无限的猜测。也是战国时代，道家中的宋钘和尹文一派就提出了朴素元气学说，把宇宙万事万物的本原归结为"气"。这"气"，可以上为日、月、星辰，下为山、川、草、木。同时，名家的惠施，又提出了"至大无外，谓之大一；至小无内，谓之小一"的朴素的无限大和无限小的思想。这就为宣夜说的宇宙无限观念奠定了基础。

宣夜说的进一步发展，认为日月星辰也是由气组成的，只不过是发光的气，如《列子·天瑞篇》所说："日月星宿亦积气中之有光耀者。"三国时代宣夜说学者杨泉又进一步说："夫天，元气也，皓然而已，无他物焉。"他认为银河也是气，并从中生出恒星来。他说："气发而升，精华上浮，宛转随流，名之曰天河，一曰云汉，众星出焉。"（《物理论》）在思辨性的自然哲学中，这种猜测是十分精辟独到的。作为一个宇宙结构体系，宣夜说没有提出自己独立的对于天体坐标及其运动的量度方法。它的数据借自浑天说。这是宣夜说在一千多年内不能得到广泛发展的重要原因。

第六章 古人“畅”天——中国古代著名的天文学家

[一、羲和]

传说中的中国古代掌管天文历法的人。相传他是黄帝时代的官。《史记·历书》记载：“黄帝考定星历。”

同书《索隐》引《系本》及《律历志》：“黄帝使羲和占日，常仪占月……容成综此六术而著《调历》。”所谓“占日”是指观测太阳，计算日子，等等。在关于唐尧的传说中，羲和是掌管天文的家族，有羲仲、羲叔、和仲、和叔四人，被尧派往东、南、西、北四方，去观测昏中星，参照物候来定二分、二至的日子，以确定季节，安排历法。最有名的传说见于《尚书·胤征》篇。羲和是夏仲康王的天文官。因他沉湎于酒色而荒废了天象的观测和推算，造成了意外的惊慌。于是仲康王依据《政典》（法律）：“先时者杀无赦，不及时者杀无赦”，命胤侯征伐羲和。因为羲和是传说中掌天文的官，主张复古的王莽在掌权后就把天文官改称羲和。著名天文学家刘歆就曾被任命担任羲和这个官职。又因为羲和在传说中与观测太阳有关，所以在古代神话故事中有的把羲和塑造为太阳的母亲。

[二、石申]

一名石申夫，战国时魏国天文学家。据南朝时代梁阮孝绪的《七录》说，石申著《天文》八卷。这大概是石申著作的本名。

《史记·天官书》《汉书·天文志》等汉代史籍中引有石申著作的零星片段，其内容涉及五星运动、交食和恒星等许多方面。汉、魏以后，石氏学派续有著述。他们的书都冠有“石氏”字样。石氏学派著作大多已失传。不过，在唐代有大量节录。其中最重要的是标有“石氏曰”的121颗恒星的坐标位置。计算表明，其中一部分坐标值（如石氏中、外星官的去极度和黄道内、外度等）可能是汉代所测；另一部分（如二十八宿距度等）则确与公元前4世纪，即石申的时代相合。

恒星

[三、落下闳]

落下闳，生卒年不详，活动在公元前100年前后。中国西汉民间天文学家。

字长公，巴郡阆中（今四川阆中）人。

汉武帝元封年间（前 110 ～前 104）为了改革历法，征聘天文学家，经同乡谯隆推荐，落下闳由故乡到京城长安。他和邓平、唐都等合作创制的历法，优于同时提出的其他 17 种历法。汉武帝采用新历，于元封七年（前 104）颁行，改元封七年为太初元年，新历因而被称为《太初历》。汉武帝请他担任侍中（顾问），他辞而未受。落下闳是浑天说的创始人之一，经他改进的赤道式浑仪，在中国用了两千年。他测定的二十八宿赤道距度（赤经差），一直用到唐开元十三年（725），才由一行重新测过。落下闳第一次提出交食周期，以 135 个月为“朔望之会”，即认为 11 年应发生 23 次日食。

他知道《太初历》存在缺点——所用的回归年数值（356.2502 日）太大，有预见地指出“后八百年，此历差一日，当有圣人定之”。事实上，每 125 年即差一日，到公元 85 年就实行改历。

［四、张衡］

张衡（78 ～ 139），中国东汉时期著名的科学家。字平子，南阳郡西鄂县（今河南省南阳市）人。自幼勤奋好学，多才多艺。曾担任过郎中、尚书侍郎、太史令、公车司马令、侍中、河间相、尚书等职。

张衡在科学、机械制造、文学、艺术等方面均有很高的造诣。留传下来的科学和文学著作共有 30 余篇。他的主要科学著作有《灵宪》和《算罔论》。通过观测实践，他明确提出“宇之表无极，宙之端无穷”（《灵宪》），认识

张衡

到宇宙的无限性。他指出“月光生于日之所照……当日之冲，光常不合者，蔽于地也”，已认识到月光是日光的反照，并阐述了月蚀（月食）的原因。在制造工艺上，他发明了世界上第一架可测地震方位的仪器——候风地动仪。他创制了世界上最早利用水力转动的浑天仪，并写下了《浑天仪图注》。他还制作过三轮自动车和能飞数里的木鸟。

张衡地动仪的复原模型——内部造型

张衡在科学上的成就和他具有朴素的辩证唯物主义思想是分不开的。他曾对迷信的谶纬神学进行过坚决的斗争。汉安帝延光二年（123），有人提出用谶纬神学来改定当时的历法，张衡指出“天之历数，不可任疑从虚，以非易是”（《后汉书·律历志》）。

为纪念伟大的科学家张衡，1955 年中国发行了纪念邮票，1956 年河南省南阳县（今河南省南阳市）重修了他的坟墓，并在墓前立碑，郭沫若在碑上题词：“如此全面发展之人物，在世界史中亦所罕见。万祀千龄，令人敬仰。”

[五、瞿昙悉达]

瞿昙悉达，生于唐高宗时代（7世纪下半叶），卒于唐玄宗年间（8世纪上半叶）。中国唐代天文学家。原籍天竺，世居长安。从1977年5月西安市文物管理处发掘瞿昙悉达墓所获墓志铭中，得知瞿昙氏家族“世为京兆人”，即长安（今陕西西安）人。其五代世系如下：瞿昙悉达之父为瞿昙罗，祖名瞿昙逸。悉达第四子即瞿昙。撰有六子，依次名昪、昇、昱、晃、晏和昴。据《通志》及《姓纂》称，瞿昙氏为西域的姓，墓志铭称瞿昙逸“高道不仕”。从这两点和这一家族熟谙印度天文历法等来判断，其先世当系由天竺国移居中国的。这一家族从瞿昙罗至瞿昙晏，四代供职国家天文机构。其中瞿昙罗至瞿昙悉达还曾先后担任过太史令、太史监或司天监经一百多年。因此，当时人们称瞿昙悉达为“瞿昙监”，称这一派的历法为“瞿昙历”。

在这一家族中，瞿昙悉达的贡献最大。他在唐睿宗景云三年（712）行太史令时，亲自参加修理铁浑仪，这架浑仪为北魏永兴四年（412）所制，辗转入唐的。玄宗开元六年（718）奉诏翻译天竺《九执历》，介绍了当时印度的天文学，包括日月运动和日月食计算法等。引进的内容还有：分周天为三百六十度、一度为六十分的圆弧量度制；以三十度为一宫的黄道十二宫，称为“十二相”；用一点表示十进位数字中的空位“零”；以两月为一季，一年分六季，称为“六时”的印度季节分法；三角术的正弦函数。不过，这些内容对中国古代天文学和数学的发展影响不大。

[六、一行]

一行（683～727），中国唐代著名的天文学家和佛学家，本名张遂，魏州昌乐（今河南南乐县）人。

前期经历 张遂的曾祖是唐太宗李世民的功臣张公谨。张氏家族在武则天时代已经衰微。张遂自幼刻苦学习历象和阴阳五行之学。青年时代即以学识渊博闻名于长安。为避开武三思的拉拢，剃度为僧，取名一行。先后在嵩山、天台山学习佛教经典和天文数学。曾翻译过多种印度佛经，后成为佛教一派——密宗的领袖。中宗神龙元年（705）武则天退位后，李唐王朝多次召他回京，均被拒绝。直到开元五年（717），唐玄宗李隆基派专人去接，他才回到长安。

天文工作 开元九年，李淳风的《麟德历》几次预报日食不准，玄宗命一行主持修编新历。一行一生中最主要的成就是编制《大衍历》，他在制造天文仪器、观测天象和主持天文大地测量方面也颇多贡献。

①制造仪器和观测。一行主张在实测的基础上编订历法。为此，首先需要有测量天体位置的仪器。开元九年率府兵曹参军梁令瓒设计黄道游仪，并制成木模。一行决定用铜铁铸造，于开元十一年完成。这架仪器的黄道不是固定的，可以在赤道上移位，以符合岁差现象（当时认为岁差是黄道沿赤道西退，实则相反）。后来，一行和梁令瓒等又设计制造水运浑象。这个以水力推动而运转的浑象，附有报时装置，可以自动报时，称为水运浑天或开元水运浑天俯视图。一行等以新制的黄道游仪观测日月五星的运动，测量一些恒星的赤道坐标和对黄道的相对位置，发现这些恒星的位置同汉代所测结果有很大变动。

②主持天文大地测量。从开元十二年起，一行主持大规模的全国天文大地测量，其中以南宫说等人在河南所作的一组观测最有成就。他们在今河南省四个地方测量了当地的北极高度、夏至日影长度，又测量了四地间的距离。经一行归算，得出了北极高度差一度，南北两地相距 351 里 80 步（唐代尺度）的结论。这实际上就是求

一行

出了地球子午线一度之长。

③制定《大衍历》。从开元十三年起，一行开始编历。经过两年时间，写成草稿，定名为《大衍历》。此时一行不幸去世，年仅四十五岁。《大衍历》后经张说和历官陈玄景等人整理成书。从开元十七年起，根据《大衍历》编算成的每年的历书颁行全国。经过检验，《大衍历》比唐代已有的其他历法都更精密。开元二十一年传入日本，使用近百年。

《大衍历》的编排，结构严谨，条理分明，共有历术七篇、略例一篇、历议十篇。《大衍历》对太阳周年运动的具体规律描述比以往的历法更合乎实际。它以定气编太阳运动表。在计算中使用了不等间距的二次差内插法，这在数学史上也是一个创举。《大衍历》把李淳风关于蚀差的计算向前推进一步，提出全国不同地点相对于标准点阳城（今河南登封告成镇附近）计算蚀差的方法，称为“九服蚀差”。在五星计算方面，对五星运动不均匀性的改正计算上，比张胄玄、刘焯的方法更为科学。其中使用了具有正弦函数性质的表格和含有三次差的近似内插公式。

[七、苏颂]

苏颂（1020～1101），中国宋代天文学家、药物学家。字子容，福建泉州南安人。仁宗庆历二年（1042）进士。先任地方官，后改任馆阁校勘、集贤校理等职九年，得以博览皇家藏书。宋哲宗登位后，先任刑部尚书，后任吏部尚书，晚年入阁拜相，以制作水运仪象台闻名于世。

元祐元年（1086），苏颂奉命检验当时太史局等使用的各架浑仪。因此想到应有表演的仪器和浑仪配合使用。先前太平兴国四年（979）张思训曾创造水运浑象“太平浑仪”，后因机绳断坏，无人知其制法。苏颂访知吏部令史韩公廉精通数学、天文学，告以张衡、梁令瓒、张思训仪器法式大纲。韩公廉写出《九章钩股测验浑天书》一卷，并造成机轮木样一座。后由苏颂和韩公廉于元祐三年集合一批工人制造，元祐七年竣工。这是一座把浑仪、浑象和报时装置三组器件合在一起的高台建筑，整个仪器用水力推动运转，后称水运仪象台，其中有许多突出的发明创造。水运仪象台完成后，苏颂于绍圣初年（约1094～1096）把水运仪象台的总体和各部件绘图加以说明，著成《新仪象法要》一书。

水运仪象台

苏颂为了能更直观地理解星宿的昏晓出没和中天，又提出设计一种人能进入浑天象内部来观察的仪器，即假天仪。具体设计仍由韩公廉推算完成。它是用竹木制成，形如球状竹笼，外面糊纸。按天上星宿的位置，在纸上开孔。人进入球内观看，外面的光从孔中射入，呈现出大小不同的亮点，好像夜空中的星星一般。人悬坐球内扳动枢轴，使球体转动，就可以更形象地看到星宿的出没运行。这架仪器是近代天文馆中星空演示的先驱。

苏颂在药物学方面，曾组织增补《开宝本草》（1057），著有《本草图经》（1062）。

［八、札马鲁丁］

札马鲁丁，生卒年不详。元初天文学家。据《元史·百官志》记载，在元世祖忽必烈尚未登位时，曾招请回族天文学家为他服务。札马鲁丁等人约于13世纪50年代应招而至。据英国李约瑟博士等人的研究，札马鲁丁是波斯马拉盖城的天文学家，受当时统治波斯等地区的旭烈兀汗（忽必烈的弟弟）的派遣而到忽必烈处的。至元四年（1267），札马鲁丁献上他编的《万年历》，这是一种回历。元政府每年编印数千本，颁发给信奉伊斯兰教的人们。同年，札马鲁丁负责制造了七件阿拉伯天文仪器（《元史·天文志》称为西域仪象）：①咱秃哈剌吉，为托勒玫式的黄道浑仪。②咱秃朔八台，为托勒玫式的长尺。③鲁哈麻亦渺凹只，一种测量太阳过赤道时位置的仪器，用来定春分、秋分的时刻。④鲁哈麻亦木思塔余，一种测量太阳过子午线时位置的仪器，用来定冬至、夏至的时刻。⑤苦来亦撒麻，即天球仪。⑥苦来亦阿儿子，即地球仪。⑦兀速都儿剌不，阿拉伯天文学中常用的仪器——星盘。

星盘

至元八年，元政府在上都（今内蒙古自治区正蓝旗东北）建成司天台，即以札马鲁丁为“提点”（相当于台长）。这个司天台用阿拉伯仪器进行观测，负责每年编印回历，供政府颁发。这个司天台还藏有西域文字的天文、数学书籍，其中有托勒玫的《天文学大成》、欧几里得的《几何原本》等。因此，上都这个司天台曾是中国一个研究阿拉伯天文学的中心。札马鲁丁首先把阿拉伯天文学传入中国，对中国天文学的发展起了积极作用。元、明两代，编回历一直是中国天文工作的一个组成部分。郭守敬的简仪的百刻环上把一刻分成三十六等分，就是阿拉伯天文学中 360° 分划制的反映。

［九、郭守敬］

郭守敬（1231 ～ 1316），中国元代的大天文学家、数学家、水利专家和仪器制造家。字若思，顺德邢台（今河北邢台）人。郭守敬幼承祖父郭荣家学，攻研天文、算学、水利。少年时代随忽必烈的谋臣刘秉忠读书，结识少年王恂。郭守敬 32 岁由刘秉忠的同学张文谦推荐而出仕元廷。他多次参加整治华北水道工程，颇有贡献。至元十三年（1276）元世祖忽必烈攻下南宋首都临安，在统一前夕，命令制定新历法，由张文谦等主持成立新的治历机构太史局。太史局由王恂负责，郭守敬辅助。在学术上则王恂主推算，郭主制仪和观测。至元十五年（或十六年）太史局改称太史院，王恂任太史令，郭守敬为同知太史院事，建立天文台。当时，有杨恭懿等来参与共事。经过四年努力，终于在至元十七年编出新历，经忽必烈定名为《授时历》。

郭守敬

《授时历》是中国古代一部很精良的历法。王恂、郭守敬等人曾研究分析汉代以来的四十多家历法，吸取各历之长，力主制历应“明历之理”（王恂）和“历之本在于测验，而测验之器莫先仪表”（郭守敬），采取理论与实践相结合的科学态度，取得许多重要成就。

创制多种天文仪器 郭守敬为修历而设计和监制的新仪器有：简仪、高表、候极仪、浑天象、玲珑仪、仰仪、立运仪、证理仪、景符、窥几、日月食仪及星晷定时仪12种（有的研究者认为末一种或为星晷与定时仪两种）。另外，他还制作了适合携带的仪器四种：正方案、丸表、悬正仪和座正仪。这些仪器中最重要的是简仪和高表。

进行大规模的天体测量 郭守敬主持27个地方的日影测量、北极出地高度和二分二至日昼夜时刻的测定。除一些重要城市外，还特别规定从北纬15°的南海起，每隔10°设点，到65°地方为止。除个别有疑问的地点外，北极出地高度的平均误差只有0°.35。另外，对全天业已命名计数和尚未命名的恒星也作了一次比较全面的位置测定。

推算精确的回归年长度 在大都（今北京），通过三年半约两百次的晷影测量，郭守敬定出至元十四年到十七年的冬至时刻。他又结合历史上的可靠资料加以归算，得出一回归年的长度为365.2425日。这个值同现今世界上通用的公历值一样。

废除沿用已久的上元积年、日法 中国古历，自西汉刘歆作《三统历》以来一直利用上元积年和日法进行计算，唐、宋时曾试作改变。《授时历》则完全废除了上元积年，采用至元十七年的冬至时刻作为计算的出发点，以至元十八年为“元”，即开始之年。所用的数据，个位数以下一律以100为进位单位，即用百进位式的小数制，取消日法的分数表达方式。

发展宋、元时代的数学方法 王恂和郭守敬创立招差术，用等间距三次差内插法计算日、月、五星的运动和位置。在黄赤道差和黄赤道内外度的计算中，又创用弧矢割圆术，即三角术的方法。

《授时历》完成后，王恂与郭守敬着手整理观测资料，编制各种数据用表。至元十八年，王恂去世，由郭守敬一人主持这项工作。至元二十三年，他继王恂任太史令。他所编述的天文历法著作，有《推步》七卷、《立成》二卷、《历议拟稿》三卷、《转神选择》二卷、《上中下三历注式》十二卷、《时候笺注》二卷、《修改源流》一卷、《仪象法式》二卷、《二至晷景考》二十卷、《五星细行考》五十卷、《古今交食考》一卷、《新测无名诸星》一卷和《月离考》

通惠河

一卷等。现存《元史》和《高丽史》中的《授时历经》，大抵即为上述的《推步》内容。

晚年，郭守敬致力于河工水利，兼任都水监。至元二十八至三十年，他提出并完成了自大都到通州的运河（即白浮渠和通惠河）工程。至元三十一年，郭守敬升任昭文馆大学士兼知太史院事。他主持河工工程期间，制成一些精良的计时仪器。

[十、薛凤祚]

薛凤祚（1600～1680），中国明末清初的数学家、天文学家。字仪甫，山东淄川人。少时随魏文魁学习中国历算。后于清顺治三年（1646）在南京结识波兰传教士穆尼阁，随他学习西方自然科学。

康熙三年（1664）薛凤祚编成《历学会通》一书。康熙十九年卒。《历学会通》有正集十二卷，考验二十八卷，致用十六卷。内容涉及天文、数学、医药、物理、水利、火器等，主要是介绍天文学和数学。天文部分有太阳太阴诸行法原，木星、火星、土星经行法原，交食法原，历年甲子，求岁实，五星高行，交食表，经星中星，西域表，今西法选要，今法表等。书中既翻译介绍了欧洲天文学和阿拉伯天文学，也有中国传统的方法，力求融会贯通。他是继《崇祯历书》之后最先系统介绍按第谷体系计算太阳、月亮、行星、交食等方法的天文学家。在计算中首次引进了对数、三角函数对数。将西方的六十进位制改成十进位制，重新编制三角函数对数表，还介绍了 1 至 2 万的常用对数表。

[十一、王锡阐]

王锡阐（1628～1682），中国明清之际的民间天文学家。字寅旭，号晓庵，江苏吴江人。十七岁时，明朝覆亡，他放弃科举，致力于学术研究，尤其爱好天文，常竟夜仰观天象。每遇日、月食，必以实测来检验自己的计算结果。去世前一年，虽已疾病缠绵，仍坚持观测。

王锡阐生活在欧洲天文学开始传入中国的时期。对于应否接受欧洲天文学，当时中国学者有三种不同态度：一种是顽固拒绝，一种是盲目吸收，独他能持批判吸收的态度，从当时集欧洲天文学大成的《崇祯历书》入手，对其前后矛盾、互相抵触之处予以揭露，对其不足之处予以批评，进而在吸收欧洲天文学优点的基础上，发展了中国天文学，写成《晓庵新法》（1663）和《五星行度解》（1673）二书。《晓庵新法》共六卷，运用刚传到中国的球面三角学，首创计算日月食的初亏和复圆方位的算法及金星凌日等算法，后来都被清政府编入《历象考成》，成为编算历法的重要手段。《五星行度解》是在第谷体系的基础上建立的一套行星运动理论。他认为五大行星皆绕太阳运行，土星、木星、火星在自己的轨道上左旋（由东向西），金星、水星在自己的轨道上右旋（由西向东），各有各的平均行度；但他采用了太阳在自己的轨道上绕地球运行的模型。他还考虑到日、月、行星运动的力学原因，但错误地认为这些是因假想的“宗动天”（恒星所在的天球外的一层天球）的吸引所致。

第七章 今议“谈”天——中国近现代著名的天文学家

[一、高鲁]

高鲁(1877～1947)，中国现代天文学家。字曙青，号叔钦，福建长乐人。

高鲁

他在福建马江船政学堂毕业后，于1905年被选派到比利时留学，获工科博士学位。1909年孙中山在法国巴黎组织同盟会时，他曾参与活动。后来回国任南京临时政府秘书，1912年任北京中央观象台台长。1918年参加在巴黎举行的国际时辰统一会议。1928年任中央研究院天文研究所第一任所长，参与紫金山天文台的选址工作。他是中国天文学会创始人，并发起组织中国日食观测委员会。曾任中国天文学会会长和总秘书，中国日食观测委员会委员兼编纂组组长。著有《中央观象台之过去与未来》《星象统笺》等书。所著《相对论原理》

两卷（1922 年出版），对相对论在中国的传播有一定的贡献。另外，他还发明过天璇式中文打字机，在国外获得专利。

［二、朱文鑫］

朱文鑫

朱文鑫（1883 ～ 1938），中国现代天文学家。字槃亭，号贡三，江苏昆山人。

他是清末附贡生，江苏高等学堂毕业，1910 年美国威斯康星大学理学士，曾任留美中国学生会会长。回国后在南洋公学（即上海交通大学）和复旦大学任教授。朱文鑫在美国时著有《中国教育史》（威斯康星大学出版）和《攀巴司（Pappas）切圆奇题解》（美国数学学会出版），并对法国天文学家梅西耶 1781 年发表的《星团星云表》进行重测，1934 年发表《星团星云实测录》一书。他毕生最大的贡献是利用现代天文知识对中国古代天文学所作的研究。在这方面的著作约有 15 种，已出版的有《天文考古录》（1933）、《史记天官书恒星图考》（1934）、《历代日食考》（1934）、《历法通志》（1934）、《近世宇宙论》（1934）、《天文学小史》（1935）和《十七史天文诸志之研究》（1965）等。未出版的尚有《中国历法史》《史志月食考》《织女传》《淮南天文训补注》《明史天文志考证》等。

复旦大学校景

[三、余青松]

余青松

余青松（1897 ~ 1978），中国现代天文学家。福建厦门人。

余青松青年时期在清华学堂（留美预备班）求学。1918 年赴美国留学，先学土木建筑，后攻天文学，获加利福尼亚大学哲学博士学位。曾在美国利克天文台工作。研究恒星光谱，在巴耳末系线和光谱二维分类法方面有研究成果。在美国《天体物理学杂志》等刊物上发表过《天鹅座 CG 星的光变曲线和轨道》等论文。1927 年回国，任教于厦门大学。1929 年任中央研究院天文研究所第二任所长，主持并亲自勘测设计，创建紫金山天文台、昆明凤凰山天文台。曾任中国天文学会会长。1941 年离开天文研究所，在桂林、重庆负责光学仪器和教学仪器的研制工作。1947 年再度出国，先后在加拿大多伦多大学、美国哈佛大学天文台等处工作。1955 年任美国胡德学院教授兼该院威廉斯天文台台长。1967 年退休为名誉教授。他是英国皇家天文学会会员。

[四、张云]

张云（1897 ~ 1958），中国现代天文学家。字子春，广东省开平人。

1920 年张云到法国里昂大学留学，获天文学博士学位。1928 年回国后，在广州中山大学任教授、数学天文系主任、教务长、校长等职。1929 年创建中山大学天文台。他主要从事食变星、物理变星的测光，造父变星的统计和脉动理论等研究工作。1947 年在美国哈佛大学讲学期间，发现一颗新的变星，被正式命名为鹿豹座 XX 星。著有《普通天文学》（1933）、《高等天文学》（1936）等。

[五、李珩]

李珩

李珩（1898～1989），中国现代天文学家。字晓舫，四川成都人。1925年留学法国，1933年获博士学位。

回国后，李珩历任山东大学、四川大学和华西大学教授，中央研究院天文研究所研究员等职。中华人民共和国成立后，被任命为中国科学院紫金山天文台所属的徐家汇、佘山两观象台的负责人、台长。1962年两台改组为中国科学院上海天文台，任台长。1953～1960年主编《天文学报》。1957年以来，当选为历届中国天文学会理事会副理事长，为中国现代天文事业的创建做出了贡献。李珩曾先后发表过《造父变星统计研究》《红巨星模型》《星际钙线的等值宽度》《五个银河星团的照相研究》等学术论著；翻译过《普通天体物理学》《天文学简史》《大众天文学》《宇宙体系论》和《球面天文学和天体力学引论》等重要著作；撰有《哥白尼》《天文简说》等科普著作和200多篇科普文章。

[六、陈遵妫]

陈遵妫

陈遵妫（1901～1991），中国现代天文学家。字志元，福建省福州人。

1926年陈遵妫毕业于东京高等师范学校数学系，同年回国。30年代，他先后参加过南京紫金山天文台和昆明凤凰山天文台的筹建工作。曾任中央研究院天文研究所研究员。担任过中国天文学会总秘书、理事长，

《宇宙》杂志总编辑等职务，主持过《天文年历》的编算工作。中华人民共和国成立后，任中国科学院紫金山天文台研究员兼上海徐家汇观象台负责人。1955年筹建北京天文馆，并任馆长。陈遵妫著译甚多，主要有《流星论》《大学天文学》《恒星图表》《中国古代天文学简史》等专著，普及读物有《星体图说》《宇宙壮观》等。完成《中国天文学史》的编著工作。陈遵妫从事天文工作五十多年，对中国现代天文事业的创建做出了贡献。

[七、程茂兰]

程茂兰（1905～1978），中国现代天文学家。河北省博野县人。1925年赴法勤工俭学，1934年在法国里昂大学数理系毕业，1939年得博士学位。先后在法国巴黎天体物理研究所、里昂天文台、上普罗旺斯天文台从事恒星光谱研究。曾任上普罗旺斯天文台副台长。

程茂兰

早年，他用大陵五型食双星的分光光度测量，否定了当时流行的光速与波长有关的理论。后来研究发射线星，尤其是爆发变星（包括新星、再发新星和共生星）；通过证认不同物理条件下所产生的发射线（许多是禁线），揭示天体上的物理状况和变化过程。还用同样方法研究地球大气发光现象（极光、夜天光），以确定地球大气的一些物理状况。曾获得法国科学院颁发的骑士勋章。1957年回国，主持中国科学院北京天文台的筹建工作，任台长。曾当选为中国天文学会第二、三届理事会副理事长。他为开创中国现代天文学做出了贡献。

[八、黄授书]

黄授书

黄授书（1915～1977），美籍华裔理论天体物理学家。生于中国江苏省常熟。曾在浙江大学和西南联合大学求学，1943年获清华大学硕士学位，后留校任教。1947年赴美，1949年获芝加哥大学天体物理学的自然科学博士学位。

黄授书历任美国国家航空航天局戈达德空间飞行中心物理研究员，普林斯顿高级研究院研究员，美国西北大学物理学和天文学教授等职。1977年在北京讲学期间因心脏病突发，于9月15日在北京逝世。他和天体光谱学家O. 斯特鲁维合作，做了许多恒星特别是密近双星如渐台二、角宿一等的研究工作。1963年他在《渐台二的一种解释》一文中提出盘状星模型，后来被天文界广泛采用。1975年在英国召开的一次国际密近双星讨论会开幕词中，这项成就被列为密近双星研究史上八个里程碑之一。1961年从理论上预言了红外星的存在，1965年预言被证实。他在原子物理、恒星大气、恒星光谱、密近双星、行星系形成等方面，作过许多理论研究，发表论文130多篇。

[九、叶叔华]

叶叔华（1927～　），中国天文学家。生于广东广州。1949年毕业于中山大学数学天文系。1951年到中国科学院徐家汇观象台工作。1978年任上海天文台研究员，1981～1993年任台长。20世纪50～70年代，叶叔华建立并发展了中国的综合世界时系统，在各天文机构的合作下该系统精度从1963年起一直保持国际先进水平。1978年以来，推进有关新技术在中国的建立，并组织中国各天文台参加国际地球自转联测，负责中国甚长基线射电干涉网的建设。90年代开拓天文地球动力学研究，负责“现代地壳运动和地球动力学研究”攀登项目，发起“亚太空间地球动力学（APSG）”国际合作项目，1996年担任首届主席。

叶叔华

1978年，叶叔华获全国科学大会重大成果奖。1980年当选为中国科学院学部委员（院士）。1982年获国家自然科学奖二等奖。1985年当选为英国皇家天文学会外籍会员。1978～1988年任中国天文学会副理事长，其后任名誉理事长。1988～1994年当选为国际天文学联合会副主席。1997年，紫金山天文台把该台发现的小行星3241号命名为“叶叔华星”。

［十、苗永瑞］

苗永瑞

苗永瑞（1930～1998），中国天体测量及时间频率专家。生于山东济南。1951年毕业于齐鲁大学天算系，后到中国科学院紫金山天文台工作。1957年到中国科学院上海天文台任职，1981年任研究员。1982～1986年任中国科学院陕西天文台台长，后任陕西天文台名誉台长。1991年当选为中国科学院学部委员（院士）。

在提高天文测时精度的研究方面，苗永瑞编制了天顶星表，专门用于测时，提高了测时精度，同时改进了观测星的位置，得到精度较高的测时星表（1965）。在天体测量选址的研究方面，根据微气象理论，制订了一些天体测量选址方案，改进了观测室及观测位，提高了测定精度。在提高授时技术研究方面，制定和研究了守时、收时、授时方法（1974）。开展了日地关系研究，建立了D

电离层监测站，用D电离层扰动反演太阳X射线爆发（1983）。还进行了中国大地电导率的测定，得到中国等效大地电导率分布图（1980）。20世纪80年代负责建立了中国专用的长、短波授时台。获国家自然科学奖二等奖和国家科技进步奖一等奖各一项，以及多项省部级科技成果奖。

［十一、熊大闰］

熊大闰

熊大闰（1938～ ），中国天体物理学家。生于江西吉安。1962年毕业于北京大学地球物理系天体物理专业，同年到中国科学院紫金山天文台工作。1986年任研究员，1991年当选为中国科学院学部委员（院士），曾任紫金山天文台学术委员会主任。

熊大闰主要研究恒星对流理论，以及与之相关的恒星结构、演化和脉动稳定性问题。他摒弃了国际上长期流行的唯象的混合长对流理论，发展了一种非定常的和一种非局部的恒星对流的统计理论，并将其运用于恒星结构、演化与脉动的理论计算，解决了大质量恒星演化计算中所谓的半对流的理论矛盾和造父变星质量矛盾，得到了一个比传统理论与观测符合得更好的太阳对流区模型，解释了变星脉动不稳定区红端边界和长周期变星脉动不稳定区等现象（1977～1984），该成果已为国际同行广泛引用，并被称为“熊氏理论”。此外，在日震学和星震学的研究（1988）和太阳大气锂元素丰度的研究（1991）中，也取得重要成果。熊大闰先后获江苏省重大科技成果二等奖（1979）、中国科学院自然科学奖一等奖（1989）、国家自然科学奖二等奖（1991）、王丹平科学奖（1992）和何梁何利基金科技进步奖（2003）。

第八章 天文“星”河——世界著名的天文学家

[一、阿利斯塔克]

阿利斯塔克，Aristarchus（约前 3 世纪），古希腊天文学家。生于爱琴海附近的萨摩斯岛。公元前 230 ～前 210 年，他提出太阳在宇宙中心，与恒星一样都静止不动，地球则绕太阳运动，同时绕轴自转。恩格斯曾称他为“古代的哥白尼”。

现存阿利斯塔克的著作有《论日月的大小和距离》一书。书中记载，他测得月亮上弦时日月之间的角距离为 87°，由此推算出月地距离和日地距离之比为 1 : 18 ～ 1 : 20。结果虽不精确，但因原理简明，这种方法应用了 1000 多年。他还提出过一种方法，测定月食时月球视直径和地影直径的比例，以确定日、月、地三者大小之比。这个方法后为依巴谷所采用。

[二、托勒玫]

托勒玫，Claudius Ptolemaeus，一译托勒密或多禄某，古希腊著名天文学家。相传他生于上埃及的一个希腊化城市。他从公元127～151年间在埃及的亚历山大城进行天文观测。托勒玫总结了希腊古代天文学的成就，特别是依巴谷的工作。但在他的著作中曾举出种种物理学上的理由来反对日心说，并把自希腊天文学家阿波罗尼奥斯以来用偏心圆或小轮体系解释天体运动的地球中心说加以系统化，后世遂把这种地心体系冠以他的名字“托勒玫地心说”。他发现天北极在星空间的位置变动；明确提出存在大气折射（蒙气差）现象。

托勒玫的著作很多。巨著《天文学大成》十三卷是当时天文学的百科全书，直到开普勒的时代，都是天文学家的必读书籍；《地理学指南》八卷是他所绘的世界地图的说明书，其中也讨论到天文学原则；《光学》五卷，其中第五卷提到了蒙气差现象。此外，尚有年代学等方面的著作。

[三、阿耶波多（第一）]

阿耶波多（第一），Āryabhata（I）（476～550），印度的天文学家和数学家。生于华氏城（今印度比哈尔邦的巴特那城）附近。他于公元499年所著的《阿耶波提亚》一书，是印度历数书（“悉檀多”）天文学的第一次系统化。全书分四部分，由118行诗组成。第一部分介绍用音节表示数字的特殊方法；第二部分讨论数学问题，其中包括正弦函数和圆周率（等于3.1416）；第三部分讲历法，同他以前的《苏利亚历数书》基本上一样；第四部分论天球和地球，还提到日食，并提出用地球绕轴自转来解释天球的周日运动。阿耶波多的著作于八世纪末以《阿耶波多历数书》的名称译成阿拉伯文，后经比鲁尼注释。

公元10世纪中叶，另一位印度天文学家也叫阿耶波多，著有《阿耶历数书》。一般西方著作把5世纪的阿耶波多称为阿耶波多（第一），把后者称为阿耶波多（第二）。1976年，印度曾为阿耶波多（第一）诞生1500周年举行纪念大会，并发射了以他的名字命名的人造卫星。

[四、比鲁尼]

比鲁尼

比鲁尼，Al-biruni（973～约1050），伊斯兰学者。全名阿布·阿莱汗·穆罕默德·伊本·艾哈迈德·比鲁尼。又译阿尔比鲁尼，生于中亚花剌子模的基发（今乌兹别克斯坦境内），曾长期旅居印度，逝世于阿富汗的甘孜那。逝世时间一说为1048年12月13日，一说为1050年以后。

他对于哲学、历史和自然科学的许多方面都有贡献，而以数学和天文学的成就最大。主要著作有：①《古代诸国年代学》，叙述各民族的历法、纪元和节日制度。②《马苏蒂天文典》，这是一本天文学百科全书，内容包括球面三角、球面天文、计时学和数理地理学。③《印度》。比鲁尼在沟通印度文化和阿拉伯文化方面起过重要作用，曾把印度学者伐罗诃密希罗（公元6世纪上半叶）的两卷天文学著作译成阿拉伯文，又把阿拉伯的科学知识介绍到印度。比鲁尼对亚里士多德的物理学和哲学理论提出许多批评性意见。他还发明从山顶观察地平圈的大小和山的高度的关系来确定地球半径的新方法。他制造的固定在墙壁上的象限仪，半径7.5米，在此后四百年内是同类仪器中最大的一个，观测精度可达2′。

[五、贝塞尔]

贝塞尔

贝塞尔，Friedrich Wilhelm Bessel（1784 ～ 1846），德国天文学家、数学家。生于普鲁士西伐里亚，卒于柯尼斯堡。15 岁辍学到不来梅一家商行学徒，业余学习天文、地理和数学。20 岁时发表了有关彗星轨道测量的论文。1810 年任新建的柯尼斯堡天文台台长。1812 年当选为柏林科学院院士。

贝塞尔的主要贡献在天文学，以出版《天文学基础》（1818）为标志发展了实验天文学，还编制基本星表，测定恒星视差，预言伴星的存在，并导出用于天文计算的贝塞尔公式。他在数学研究中提出了贝塞尔函数，讨论了该函数的一系列性质及其求值方法，为解决物理学和天文学的有关问题提供了重要工具。此外，他在大地测量学方面也做出了一定贡献，提出了贝塞尔地球椭球体等观点。

[六、勒威耶]

勒威耶

勒威耶，Urbain-Jean-Joseph Le Verrier（1811～1877），法国天文学家。生于诺曼底的圣洛，卒于巴黎。他在巴黎综合工科学校毕业后从事化学实验工作，1837 年任母校的天文教师，改攻天体力学。1854 ～ 1870 年和 1873 ～ 1877 年两度出任巴黎天文台台长。

他最重要的贡献是 1846 年 8 月 31 日以数学方法推算出海王星的轨道并预告它的位置。由于海王星的发现，英国皇家学会授予他柯普莱奖章。恩格斯高度赞誉他发现海王星的认识论意义。勒威耶还研究过太阳系的稳定性问题和行星理论，编制了行星星历表。他经过长期研究，发现水星近日点的异常进动，不过他把这种异常现象归之于一个未知行星的摄动，并预言水内行星的存在。后来，爱因斯坦用广义相对论成功地解释了水星近日点进动问题，地基天文台和空间天文台的观测和搜索也均表明不存在水内行星。

他的行星理论和行星星历表载于《巴黎天文台年刊》第 1 ～ 6 卷和第 10 ～ 14 卷。

［七、亚当斯］

亚当斯，John Couch Adams（1819～1892），英国天文学家。生于康沃尔郡，卒于剑桥。1843 年在剑桥圣约翰学院毕业，后在剑桥大学任教。曾两次被选为英国皇家天文学会会长（1851 ～ 1853 年，1874 ～ 1876 年），1861 年起任剑桥大学天文台台长。

1844 年以后他研究天王星的观测资料，计算影响天王星运动的一颗未知行星的轨道要素、质量和日心黄经。1845 年 9 ～ 10 月他分别向剑桥大学天文台台长 J. 查理士、格林尼治天文台台长 G. 艾里报告了他的计算结果，但未受重视。1846 年德国伽勒根据法国勒威耶的计算发现了这颗未知行星——海王星后，人们才想起亚当斯的工作。经过长期的争论，最后被公认为是海王星的共同发现者。此后，他研究月球运动长期加速现象、地磁场；还研究了狮子座流星雨的轨道，认为它是一个扁长的椭圆，周期为 33 年 3 个月，他据此预言在 1866 年 11 月 12 至 14 日流星雨将再次出现。预言果然得到证实。为表彰他的功绩，英国皇家天文学会授予金质奖章。他著有《亚当斯科学论文集》二卷。

［八、赫茨普龙］

赫茨普龙

赫茨普龙，Ejnar Hertzsprung（1873～1967），丹麦天文学家。生于腓特烈堡，卒于罗斯基勒。他是化学工程师出身，爱好天文学，曾任职于德国的格丁根大学和波茨坦天体物理台。1919年任荷兰莱顿大学天文台副台长，1935年任台长，1945年回丹麦。他最先提出绝对星等概念，并在1905年的论文中提出恒星有巨星和矮星之分。在该文和1907年的论文中，他注意到恒星的颜色和光度（绝对星等）之间的统计关系，两文均发表在照相术杂志上。后来，罗素也独立地发现了这一关系，赫茨普龙的论述才受到广泛的注意。为此，恒星的颜色－星等（光谱－光度）图被称为赫茨普龙－罗素图，简称赫罗图。

1911年，赫茨普龙注意到北极星亮度的微小变化，并证认为造父变星。1913年，他根据勒维特于1912年发现的造父变星光变周期和亮度之间的关系，利用几颗银河造父变星的绝对星等，定出造父变星的周光关系。他根据小麦哲伦云中的造父变星的光变周期和视星等之间的周光关系求得这个星云的距离。由此，人们得到一个有力的手段来推求任何含有造父变星的天体系统的距离。

［九、罗素］

罗素，Henry Norris Russell（1877～1957），美国天文学家。生于纽约州奥伊斯特湾，卒于新泽西州普林斯顿。1912年起担任普林斯顿大学天文台台长，1947年以后改任名誉台长，直至逝世。他在1934～1937年任美国天文学会会长。

罗素

1912年，罗素建立了食双星理论，成为根据光变曲线求双星轨道要素和二子星基本参数的先驱者。1913年，他在英国皇家天文学会的会议上发表恒星的亮度、颜色和光谱型之间的统计关系，在内容上与1905～1907年赫茨普龙的研究结果完全一致，而在形式上更为显明。罗素绘制一幅图解，表示恒星的绝对星等和光谱型的分布：巨星位于一条水平带上，再上还有超巨星；绝大多数恒星从B型到M型，分布在一条对角线上，叫作主星序。左下角还有少量的白矮星。这样的图常被叫作赫茨普龙-罗素图，简称赫罗图。赫罗图在天体物理学和天体演化学中起重要作用。罗素还提出一个恒星演化序列：从体积大、密度小的红巨星，沿水平带向左，到达主星序顶端，然后沿着主星序向右下方过渡；认为收缩是演化的动因。这是在发现恒星的核能源以前研究恒星演化的一次尝试，现在已被放弃。1929年罗素分析了太阳光谱，详细计算了太阳的化学成分，证明太阳绝大部分物质是氢，另有少量的氦、氧、氮和氖等。

罗素在国际上享有声望。曾任国际天文学联合会恒星光谱组和恒星结构组主席。1921年英国皇家天文学会授以金质奖章，1937年成为英国皇家学会国外会员。

［十、爱丁顿］

爱丁顿，Arthur Stanley Eddington（1882～1944），英国天文学家和物理学家。生于肯德尔，卒于剑桥。1905年毕业于剑桥大学三一学院。1906～1913年在格林尼治天文台任职，1913～1944年任剑桥大学天文学教授，1914年起任剑桥大学天文台台长。曾任英国皇家天文学会会长、物理学会会长、数学

爱丁顿

协会会长，并于1938～1944年任国际天文学联合会主席。

爱丁顿的研究领域广泛，在相对论、宇宙学、恒星内部结构理论和恒星动力学等领域都做出了创造性的贡献。他早期的工作（1906～1914）主要是研究恒星的运动和分布，研究成果收集在1914年出版的《恒星运动和宇宙结构》一书中。1919年他带领一个观测队到西非的普林西比岛观测日全食，第一次证实了爱因斯坦的广义相对论所预言的光线的引力弯曲现象。爱丁顿是英国最早研究广义相对论的科学家，他所写的《相对论的数学理论》（1923年）被爱因斯坦誉为这个领域内最好的作品之一。20年代，爱丁顿在恒星内部结构的研究方面取得重大成果。他首次提出，在恒星内部能量由里向外转移的方式主要不是对流而是辐射，并用辐射平衡取代了对流平衡。他于1924年从理论上确立了恒星的质光关系。这些研究成果都收在1926年出版的《恒星内部结构》一书中。爱丁顿是造父变星脉动理论的创始人之一。他摒弃了双星假说，而用脉动假说来解释造父变星的亮度变化和视向速度变化。他在恒星大气、线吸收、星际物质的物理性质和化学成分等方面，也作过一些重要的研究工作。

[十一、巴德]

巴德，Walter Baade（1893～1960），德国天文学家。生于威斯特伐利亚州施勒廷豪森，卒于格丁根。他于1919年获得格丁根大学博士学位后，即在汉堡大学天文台工作。1931年赴美国，在威尔逊山天文台和帕洛马山天文台工作，对天文学做出了重要贡献。1959年回国，在格丁根大学工作。

1944 年，巴德绘成 M31（即仙女星系）、M32 和 NGC205 三个星系的核心部分亮星的赫罗图，发现它和这些星系外区部分亮星的赫罗图不同，由此，他重新提出星族的概念。这对研究恒星的结构和演化及星系动力学有重要作用。帕洛马山天文台 5 米望远镜建成后，巴德用它进一步研究仙女星系，探测到 300 多颗造父变星。巴德发现，造父变星既有属于星族Ⅰ的，也有属于星族Ⅱ的，二者有不同的周光关系。勒维特和沙普利确定的周光关系只适用于星族Ⅱ，这种关系可以用来测定银河系内球状星团的距离。巴德于 1952 年制定新的周光关系，重新测定了河外星系的距离。例如哈勃按星族Ⅱ周光关系把仙女星系的距离，定为 80 万光年，巴德则定为 200 多万光年。这样，对星系世界的标尺作了相应的扩大。他对射电源进行了光学证认。此外，他发现了离太阳最近的小行星之一——伊卡鲁斯和离太阳最远的小行星之一——希达尔戈。

巴德

［十二、博克］

博克，Bart Jan Bok（1906～1983），美国天文学家。

1906 年 4 月 28 日博克出生于荷兰霍恩。1929 年去美国，在哈佛大学及其天文台工作。1957 年去澳大利亚，任斯特罗姆洛山天文台台长和澳大利亚国立大学教授。1966 年回美国，任亚利桑那大学教授并领导斯图尔德天文台。他是美国科学院院士。第十四届国际天文学联合会副主席。博克着重研究银河系结构、星系动力学和星际物质，对星团稳定性也有深入研究。1937 年，他改进了卡普坦提出的恒星空间分布的数值

博克

方法，世称卡普坦－博克数值方法。他与夫人发现小球状体，他认为它们是正处在引力收缩阶段的原恒星。

［十三、克里斯琴森］

克里斯琴森，Wilbur Norman Christiansen（1913 ～ 2007），澳大利亚射电天文学家。

1913 年克里斯琴森出生于澳大利亚墨尔本。1935 年获墨尔本大学硕士学位，1953 年被授予墨尔本大学科学博士学位。克里斯琴森是澳大利亚科学院院士。1960 年以来任澳大利亚全国无线电科学委员会主席，1964 ～ 1970 年任国际天文学联合会副主席，1978 年又被选为国际无线电科学协会主席。1937 ～ 1948 年从事天线工程，在发展通信天线方面有所创建。1948 年他投入当时正在开创的射电天文工作。起先参与了中性氢 21 厘米谱线的实测验证，以后三十年中，他先后在澳大利亚联邦科学工业组织和悉尼大学从事射电天文的研究和教学工作。他的主要贡献有：在 1951 年创制栅形多天线射电干涉仪，以简便、灵活的方法解决了射电望远镜分辨率的难题；1953 年首先发展了利用地球自转进行孔径综合的方法，并于 1955 年发表应用这种方法进行太阳射电成像观测的结果。这种方法在以后射电天文的发展中起了重大的作用。他在发展射电天文方法方面有广泛影响。

第九章 推月添星——对天文学有卓越贡献的家族

[一、斯特鲁维家族]

天文世家，祖孙 4 代 6 人，都在天文实测方面做出了出色的贡献。

V.Y. 斯特鲁维 (Vasilij Yakovlevich Struve, 1793 ～ 1864)　俄国天文学家。生于德国汉堡附近的阿尔托纳，卒于俄罗斯圣彼得堡。1810 年在爱沙尼亚塔尔图大学毕业，1813 年任该校天文数学教授。1832 年被选为圣彼得堡科学院院士。1833 年，沙皇尼古拉一世派他参加组织和兴建普尔科沃天文台，台址位于圣彼得堡近郊。1839 ～ 1862 年，任首任台长。他是俄罗斯天体测量学和恒星天文学的奠基人，发现和测量了大量的双星和聚星。1837 年他向科学院报告了对织女一视差的测定结果为 0″.125 ± 0″.065。这是全世界第一个恒星视差测定结果，数值与今值很接近。

V.Y. 斯特鲁维

1847 年，他提出星际消光及太阳不在银河系中心说。

O.V. 斯特鲁维

O.V. 斯特鲁维（Otto Vasil'–yevich Struve, 1819 ～ 1905） V.Y. 斯特鲁维之子。1862 ～ 1889 年任普尔科沃天文台台长。1895 年移居德国。O.V. 斯特鲁维也是观测能手，曾用 37.5 厘米折射望远镜发现了 500 多对双星，测量了若干恒星的视差。此外，还发现天王星的卫星，计算海王星的质量，对土星内光环进行详细观测和研究，提出恒星产生于星云的主张，探讨宇宙的构造和无限性。

G. 斯特鲁维（German Struve, 1854 ～ 1920）**和 L.O. 斯特鲁维**（Lyudvig Ottovich Struve, 1858 ～ 1920） V.Y. 斯特鲁维之孙。长者曾在普尔科沃天文台任职。1895 年随其父亲 O.V. 斯特鲁维迁居德国，1904 年主持柏林天文台。幼者曾在塔尔图天文台工作。1897 年起任哈尔科夫大学教授，兼校天文台台长。两人均长于对双星的观测与研究。

G. 斯特鲁维（George Struve, 1886 ～ 1933） G. 斯特鲁维（German Strure）之子，德国天文学家。1895 年随祖父去德国柯尼斯堡，他的主要工作是对土星和土星卫星及土星光环的观测。

O. 斯特鲁维（Otto Struve, 1897 ～ 1963） 俄裔美国天文学家。L.O. 斯特鲁维之子，生于俄国哈尔科夫，卒于美国伯克利。1919 年毕业于哈尔科夫大学。1921 年移居美国，历任叶凯士天文台、麦克唐纳天文台、勒施奈天文台和美国国立射电天文台台长。美国国家科学院院士。1932 ～ 1947 年任美国《天体物理学杂志》主编。

O. 斯特鲁维

1952 ～ 1955 年任国际天文学联合会主席。O. 斯特鲁维早年致力于分光双星研究，测定了几百颗双星的质量和轨道参数。通过光谱分析，发现超巨星大气中的大尺度湍动现象。1925 年，他分析早型星光谱的 H、

K 线无位移现象，指出钙吸收起源于集聚在银道面附近的钙云。1928 年证实了星际离子的存在。1929 年与沙因共同揭示恒星自转现象，并根据谱线轮廓测量了许多恒星的自转速度，而且发现自转速度与光谱型的相关性。O. 斯特鲁维是研究密近双星方面的权威，对渐台二、御夫座 ε、仙王座 VV 等特殊双星，以及大熊座 W 型食双星和大犬座 β 型变星的研究做出了巨大成绩。1938 年发现星际氢云的存在。他发表过 700 篇文章。主要著作有《恒星演化》《宇宙》《二十世纪天文学》（与 V. 泽伯格斯合著）等。

[二、赫歇耳一家]

Herschel family，英国天文学家家庭。

F.W. 赫歇耳（Frederick William Herschel，原名 Friedrich Wilhelm，1738 ～ 1822） 生于德国汉诺威，卒于英国斯劳。早年为音乐师，1757 年移居英格兰。他以业余时间钻研天文学，1773 年开始磨制望远镜。1779 年用自制的望远镜进行巡天观测。1781 年 3 月，在观测中偶然发现天王星，并证明是一颗新的行星。1787 年和 1789 年又先后发现天王星和土星各有两颗卫星。英国皇家学会为此授予他柯普莱奖章，并选他为会员。1782 年，英王乔治三世聘他为宫廷天文学家。同年他从巴斯迁居达奇特，并完全致力于天文学的研究。1786 年定居于斯劳。1787 年制成一架焦距 6 米的反射望远镜。1789 年又制成一架焦距 12 米、口径 122 厘米的大型反射望远镜（一生制作望远镜达数百架之多）。1820 年成为英国皇家天文学会第一任会长。主要贡献有：①双星研究。1782 年他编成第一个双星和聚星表，其中有他发现的双星 227 对。1785 年又刊布了第二个表，记录双星 434 对，其中有新发现的 284 对。1802 ～ 1804 年，发现大多数双星中都有一星绕另一

F.W. 赫歇耳

星的轨道运动。由此说明万有引力定律同样适用于远离太阳系的恒星系统。1821年，他又发表了第三个包括145对新双星的表。②太阳空间运动的发现。1783年分析了30颗恒星的自行，认为太阳有向武仙座方向的空间运动。其后又对27颗恒星的自行进行分析，得到太阳运动的方向指向武仙座λ附近的结论。③星团、星云研究。1786年、1789年和1802年3次出版星云和星团表，记录了2500个星云和星团。他的大望远镜将过去被视为无星的许多星云分解成一群恒星，但1790年他指出，有些星云是不可分解的，如弥漫星云和他称之为"行星状"的星云。1811年，他根据对星云形态的研究，提出从弥漫物质到凝成恒星的一系列过渡形式。他的这种分类和演化序列虽然有错误，但引起了重视恒星起源问题的研究。④银河系结构的研究。1785年，他用统计恒星数目的方法，证实银河系为扁平状圆盘的假说。他企图测量银河系的大小，但没有成功。虽然他曾错误地认为银河系的深度是"不可测量的"，但他创立了恒星天文学的研究方法。

C.L. 赫歇耳（Caroline Lucretia Herschel,1750～1848） F.W. 赫歇耳的妹妹。生于德国汉诺威，卒于汉诺威。1772年F.W. 赫歇耳接她到英国。先以音乐为职业，后尽心竭力地协助哥哥进行天文学研究，承担了观测资料的记录和归算任务，几十年如一日地利用每一个可观测的晴夜。她还独自进行观测，一生发现14个星云、星团，1786～1797年发现8颗彗星。1798年在英国皇家学会发表了她对《弗兰斯提德星表》所作的索引、校订和补充（561颗星）。1822年F.W. 赫歇耳死后，她回到汉诺威，继续整理她哥哥的观测资料。1828年编成F.W. 赫歇耳发现的2500个星团、星云表，获得英国皇家天文学会的金质奖章，1846年又获得普鲁士国王的科学金质奖章。

C.L. 赫歇耳

J.F. 赫歇耳（John Frederick William Herschel, 1792～1871） F.W. 赫歇耳的儿子。生于斯劳，卒于科林伍德。1813年毕业于剑桥大学圣约翰学院，

1816 年获该校硕士学位。先从事数学研究，1816 年始继承父业从事天文学研究。1820 年受他父亲的委托，参与创建英国皇家天文学会工作，先后 3 次任会长（1827 ～ 1829，1839 ～ 1841，1847 ～ 1849）。1830 年任英国皇家学会会长。1845 年任英国科学促进会主席。1821 ～ 1823 年重新核对他父亲发现的双星，在观测中又发现双星 3347 对。1825 ～ 1833 年，在重新查核了他父亲发现的所有星云和星团的过程中，新发现星云和星团 525 个，于 1833 年刊布。1834 ～ 1838 年在南非好望角，以 3 架 6 米焦距的望远镜进行南天观测，共记录了 68948 个天体，包括恒星、星云、星团、双星，特别详细地描绘了猎户座大星云、大小麦哲伦云、哈雷彗星、土卫系统及船底座 η 的爆发。1836 年，测量了 191 颗恒星的相对亮度。1847 年刊布南天观测结果，因此获得英国皇家学会的柯普莱奖章。1849 年综合当时天文学发展的最新成就，写成《天文学纲要》一书，被译成多种文字出版。1859 年由李善兰和伟烈亚力合译成中文，书名为《谈天》。1851 年以后，J.F. 赫歇耳已疾病缠身，但仍坚持著述。

《谈天》

[三、卡西尼家族]

17 ～ 18 世纪法国四代相继的天文学家家族。

G.D. 卡西尼（Giovanni Domenico Cassini, 1625 ～ 1712）生于意大利因佩里亚的佩里纳尔多，卒于法国巴黎。早年曾在热那亚等地求学。从 1650 年起，任波洛尼亚大学天文学教授 19 年。1664 年 7 月观测到木星卫星影凌木星现象，由此，他得以研究木卫的转动和木星本身的自转。他描述了木星表面的带纹和斑点，正确地把它们解释为木星的大气现象；还说明了木星外形

G.D. 卡西尼

呈扁圆状。1666 年，他测定火星的自转周期为 24 小时 40 分（与今天公认的精确值约差 3 分）。1668 年刊布第一个木卫星历表。1669 年 2 月 25 日应法王路易十四之请，前往巴黎参加皇家科学院工作。1671 年巴黎天文台落成，他成为这个天文台的领导人。1673 年入法国籍。在巴黎天文台，他用当时世界第一流的望远镜发现了土星的四颗新卫星：土卫八（1671）、土卫五（1672）、土卫四和土卫三（均为 1684）。在此之前，只有惠更斯发现了一颗土星卫星（土卫六，1655）。1675 年，他发现土星光环中间有一条暗缝，后称卡西尼环缝。他猜测，光环是由无数小颗粒构成。两个多世纪后的分光观测证实了他的猜测。1671 ～ 1679 年，他仔细观测了月球的表面特征，于 1679 年送呈法国科学院一份大幅月面图，在一个多世纪内始终没人能在这方面超过他。从 1683 年 3 月起，他系统地观测研究了黄道光，正确地猜测到它是无数极细微的行星际微粒反射太阳光造成的，而不是什么大气现象。他于 1672 年火星冲日期间测定了它的视差。当时他与皮卡德在巴黎，里奇在法属圭亚那的卡宴同时观测，结果测得火星视差为 25″，并由此推算出太阳视差为 9″.5，这是当时最接近真值的数据。他在巴黎，继续测定木星自转周期，测得的数值是 9 小时 56 分，与实际情形相当吻合。

G.D. 卡西尼在理论上是保守的，是最后一位不愿接受哥白尼理论的著名天文学家。他反对开普勒定律，认为行星运动的轨道不是椭圆而是一种卵形线，即卡西尼卵形线——到两定点距离之乘积为常数的动点轨迹，为四次曲线。他拒不接受牛顿的万有引力定律；反对罗默关于光速有限的结论。这种保守倾向对他的继承者影响很大。

J. 卡西尼（Jacques Cassini, 1677 ～ 1756） G.D. 卡西尼之次子，生于巴黎，卒于瓦兹省克莱蒙附近的蒂里。他接任巴黎天文台的领导人，继承他父亲生前从事的子午线弧长实测工作。和 G.D. 卡西尼一样，他错误地认为地球的赤道半径小于极半径。J. 卡西尼也是一位优秀的观测者，曾独立发现恒星大角（牧夫座α）有自行。然而，他不顾自己的许多观测结果与 G.D. 卡西尼的理论不相一致，却仍然竭力为他父亲辩护。他虽然接受了哥白尼的观点，却仍然激烈反对牛顿的引力理论。

C. F. 卡西尼（César Francois Cassini de Thury，1714 ～ 1784）和 J. D. 卡西尼（Jacques-Dominique Cassini，1748 ～ 1845） C.F. 卡西尼是 J. 卡西尼的次子，生于蒂里，卒于巴黎。他继其父领导巴黎天文台。1771 年正式设立巴黎天文台台长一职，C.F. 卡西尼即任台长。他逝世后，此职又由他的独子 J. D. 卡西尼继任。J.D. 卡西尼生于巴黎，卒于蒂里。

C.F. 卡西尼和 J.D. 卡西尼曾分别观测了 1761 年和 1769 年的金星凌日。他们的保守倾向虽已减少，但对天文学的贡献却不及前两代卡西尼。他们在地理学、大地测量学方面做了许多研究，在测量和绘制高精度法国地形图的巨大工程中，起了重要的作用。

[四、史瓦西父子]

K. 史瓦西（Karl Schwarzschild, 1873 ～ 1916） 德国天文学家、物理学家。生于法兰克福，卒于波茨坦。他 16 岁时写出关于三体问题周期解的论文。1896 ～ 1900 年在维也纳天文台和慕尼黑天文台工作，1901 ～ 1909 年任格丁根大学教授和大学天文台台长，1909 ～ 1912 年任波茨坦天体物理台台长。1912 年任柏林大学教授，并当选为柏林科学院院士。

k. 史瓦西

K. 史瓦西在天文学的几个领域中都有贡献。实测方面，在格丁根大学工作期间，他发现了照相底片变黑定律，发明了焦外照相法天体测光，奠定了照相测光的基础。理论方面，他于 1906 年将辐射平衡的概念引入天体物理学，最先清楚认识到辐射过程在恒星大气热转移中的重要作用，并提出处理这种过程的数学方法。1907 年，他把近代统计方法应用于天文研究，发现了以他名字命名的恒星速度椭球分布。此外，他对天文光学仪器的设计理论也做出了重要贡献。

在理论物理方面，他是玻尔原子光谱理论的先驱者之一。他和 A.J.W. 索末菲彼此独立地提出了一般的“量子化定则”，得出斯塔克效应的完整理论。1916 年，他找到了广义相对论球对称引力场的严格解，即史瓦西解。这个解描述了球形天体附近的光线和粒子的运动行为，在现代相对论天体物理，特别是黑洞物理中，起着关键性的作用。他还首先提出，在离致密天体或大质量天体的中心某一距离处，逃逸速度等于光速，即在此距离以内的任何物质和辐射都不能溢出。后人将此距离称为史瓦西半径，并把上述天体周围史瓦西半径处的想象中的球面，叫作视界。

M. 史瓦西（Martin Schwarzschild, 1912 ～ 1997） K. 史瓦西之子，生于波茨坦，卒于美国宾夕法尼亚州兰霍恩。1935 年在格丁根大学获博士学位。1936 ～ 1937 年在挪威奥斯陆天体物理研究所工作。1937 年移居美国，先在哈佛大学天文台任职，1940 ～ 1947 年在哥伦比亚大学天文台工作。后来就职于普林斯顿大学，1950 年任教授。1956 年当选美国国家科学院院士。1970 ～ 1972 年任美国天文学会会长。他早期的工作是研究脉动变星、恒星动力学结构，稳定恒星的质量上限，太阳氦丰度演化等。1950 年后研究红巨星模型，1952 年，他同 A.R. 桑德奇合作，提出关于恒星从主星序到红巨星的迅速转变，可用包括两种能源的模型来解释：一是氢壳层燃烧；一是核心引力收缩。几年后同 F. 霍伊尔合作研究了星族Ⅱ恒星的演化、球状星团、赫罗图的解释、晚期演化中的“氦闪”和元素丰度问题。其结果都包括在 1958 年所写的《恒星的结构和演化》一书中。1960 年后他研究湍流和对流问题，研究太阳米粒组织，主持气球飞行计划以获得太阳高质量照片。这个成功的计划后来扩大到行星和晚期恒星红外分光光度测量的领域。

第十章 天外“时间”——天文时间知识

[一、时间知识]

年 以地球绕太阳公转运动为基础的时间单位。地球公转运动在天球上的反映就是太阳的周年视运动。根据天球上不同参考点计量的太阳周年视运动，就有各种各样的“年”，以适应各种需要。回归年是太阳在天球上连续两次通过春分点所需要的时间间隔，长度为365.24220平太阳日。现行的公历就是按回归年的长度制定的，为方便起见，历年取365或366平太阳日。恒星年是太阳在天球上连续两次通过某一恒星所需要的时间间隔，长度为365.25636平太阳日。这是地球绕太阳的平均公转周期。近点年是地球连续两次经过近日点所需要的时间间隔，长度为365.25964平太阳日，主要用于研究太阳运动。交点年（又称食年）是太阳在天球上连续两次经过月球轨道的升交点所需要的时间间隔，长度为346.62003平太阳日。交点年对计算日食有重要作用。

月 以月球绕地球公转运动为基础的时间单位。根据起讫点不同，有各种各样的月。朔望月是月相变化的周期，是根据月球相对于太阳的位置确定的，长度为29.53059平太阳日。伊斯兰国家和地区采用的阴历（回历），中国传统的农历，都以朔望月为月的单位。分点月（又称回归月）是月球黄经连续两次等于春分点黄经所需要的时间，长度为27.32158平太阳日。恒星月是月球在天球上连续两次通过某一恒星所需要的时间，长度为27.32166平太阳日。这是月球绕地球的平均公转周期。近点月是月球连续两次经过近地点所需要的时间，长度为27.55455平太阳日。交点月是月球在天球上连续两次向北通过黄道所需要的时间，长度为27.21222平太阳日。公历中每一个历年（365或366平太阳日）分成12个月，按照传统习惯，月的长度有28、29、30和31平太阳日4种。

日 以地球自转运动为基础的时间单位。地球自转反映为各种天体在天球上的周日视运动。根据天球上不同的参考点计量的地球自转运动，就有各种各样的日。真太阳日是真太阳在天球上连续两次由东向西通过同一子午圈所需要的时间。真太阳除了周日视运动以外，还存在着不均匀的周年视运动，因而真太阳日的长度是不断变化的。平太阳日是平太阳在天球上连续两次由东向西通过同一子午圈所需要的时间。所谓平太阳是天球上一个假想的点，它在天赤道上按真太阳在黄道上运动的平均速度均匀运动。日常生活中的“日”，通常是以平太阳日的长度为基础的。恒星日是春分点在天球上连续两次由东向西通过同一子午圈所需要的时间。由于岁差和章动，恒星日有真恒星日和平恒星日两种。前者受岁差和章动的影响，后者仅受岁差的影响。一平恒星日等于平太阳日 23 小时 56 分 4.09054 秒。某一恒星在天球上连续两次由东向西通过同一子午圈所需要的时间，就是地球自转的周期，它比一恒星日长约 0.0084 秒。实际上，地球自转呈现出复杂的不均匀性，因此上述各种日的长度都相应地发生变化。

[二、时间测量]

时间是物质存在的一种基本形式，也是一项基本物理量。通过某种选定的物质运动过程，可计量时间。时间的计量包括计量时间间隔和时刻，它们是两个既不同又有联系的内涵。时间间隔是指物质在运动中的两个不同状态之间所经历的时间长度，而时刻则是指物质在某一运动状态瞬间与时间坐标起点之间的时间间隔。

天文学中的时间计量不同于宇宙学纪年、天体演化纪年、地质纪年和古生物纪年，也不同于历法中的以日、月、年和世纪的时间计量，而是指“日”以下的时间间隔（10^5 秒）的计量。人类自古以来就以“日”（d）为时间间隔单位。1 日之内分为 24 小时（简称“时”，h），1 小时分为 60 时分（简称“分”，m），1 时分分为 60 时秒（简称“秒”，s）。天文学中有多种时间计量单位。如真真太阳时、平太阳时、恒星时、世界时。（见时间计量单位）

20 世纪以来，人类发现了地球自转周期的不稳定性，并确认基于地球自转的世界时也是不均匀的。于是，在 1960 ～ 1968 年期间，曾采用以地球公转周期作为时间计量单位。这种按牛顿力学定律计量的时间称为历书时。后因测量方式和方法的困难而废止。

从1960年起，实现了以原子频标为基础的原子钟，并确认以铯原子（Cs）的同位素制造的原子钟具有极高的稳定性。这样便建立了以原子跃迁的稳定频率为基础的时间尺度，称为原子时。1967年国际计量委员会决定以原子时取代历书时，并规定以铯-133（^{133}Cs）的基态超精细结构的跃迁频率9192631770周为1秒。以它计量的均匀时间即为原子时。以原子时为基准的一种时间计量系统称为协调世界时（UTC）。它与世界时的时刻差不超过±0.9秒。

此外，国际天文学联合会还为不同的参考系规定了不同的坐标时供编制历表之用。如以地心为参考系的地球时（TT）和地心坐标时（TCG）；又如太阳系质心参考系的质心坐标时（TCB）和质心力学时（TDB）。

在时政领域还有些与社会活动关系密切的时间计量，如地方时、民用时、区时、标准时等。地方时是以观测地点的子午圈为基准所测定的时间。民用时是1925年根据国际天文学联合会的决议以平太阳下中天（即子夜）作为一日开始的时间。它与以平太阳上中天（即正午）为一日之始的平太阳时相差12时。区时是以时区中央子午线为准的民用时。标准时是以某一行政区的民用时作为更广的地区的时间标准。中国采用北京时间为全国统一的标准时。

从以地球自转为基础的天文计时独占天下的局面，到以原子辐射跃迁为基准的物理计时的异军突起，时政领域发生了划时代的变化。天文测时的经典方法和传统设备中，诸如中星仪、等高仪、天顶筒，均已淡出前沿阵地。天文授时中所有的摆钟也全都淘汰出局，取而代之的是日差精度优于10^{-9}秒的原子钟。时政部门也从地基天文授时中心扩展到导航台、电视卫星、通信卫星、微波中继站。时间同步的精度更从毫秒级提高到纳秒级。

[三、时间计量单位]

在天文学中的时间计量单位，举例如下。

真太阳时　根据地球自转，太阳连续两次过同一子午圈的时间间隔，称为太阳日。按太阳日计量的时间，称为真太阳时。

平太阳时　在天球上以周年运动平均速度运行的平太阳连续两次过同一子午圈的时间间隔，称为平太阳日。按平太阳日计量的时间，称为平太阳时。

恒星时　以天球上的春分点为时间基准，春分点连续两次过同一子午圈的时间间隔，称为恒星日。恒星日比平太阳日短 3 分 56 秒。按恒星日计量的时间，称为恒星时。

另外，相对于格林尼治本初子午线的平太阳时称为世界时（UT）。1 个平太阳日的 1/86400，就是世界时的 1 秒。国际时间局（BIH）于 1911 年成立后面向全世界从事的时间服务即是提供世界时。

[四、时差]

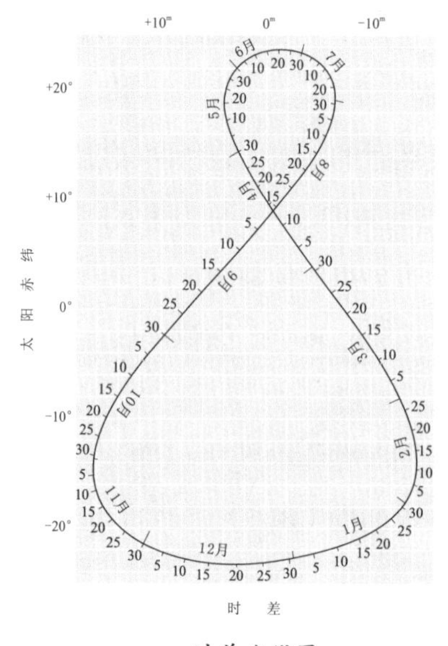

时差曲线图

真太阳时与平太阳时的时刻之差。产生时差的原因是：地球绕太阳运动的轨道为椭圆，这就使真太阳在天球上的视运动速度不均匀（或真太阳时是不均匀的）；地球轨道面和地球赤道面之间存在倾角。由真太阳时求平太阳时，或由平太阳时反求真太阳时，需加时差改正。时差 η 的定义可以写作：

$$\eta = 真太阳时 - 平太阳时$$

以前也有人把时差规定为平太阳时减真太阳时。时差 η 与观测者在地球上的位置无关，只与观测日期有关。

时差每年四次等于零，在 4 月 16 日、6 月 15 日、9 月 1 日和 12 月 24 日前后；四次为极值（极大和极小）。这是天文学上的“时差”，与人们生活中坐飞机去到南半球产生的时差不同。

不同观测日期的时差

日期	2 月 12 日左右	5 月 15 日左右	7 月 26 日左右	11 月 3 日左右
η	$-14^{m}.4$	$+3^{m}.8$	$-6^{m}.3$	$+16^{m}.4$

[五、时间服务]

提供标准时间（包括频率标准）的工作。古代的时间服务采用鸣锣击鼓等简易的方式。近代的时间服务起源于无线电报时，以适应大地测量、航海事业发展的需要。为了统一全世界的时间服务，由国际时间局主持全球的世界时服务工作。20 世纪 50 年代出现原子钟以后，原子时服务就成了国际时间局另一项重要的工作内容。时间服务不仅为日常生活和生产所必需，更重要的是与许多科学实验有密切的关系。在天文学中，世界时服务直接为研究地球自转、天文地球动力学，进而为研究地月系和太阳系的起源和演化提供基本资料；天文历书工作需要以历书时作为标准来编算各种天体的历表。在大地测量中，需要用精确的世界时来确定各个地点的精确坐标；航海航空部门则需要世界时进行天文导航。在空间科学中，人造卫星和导弹的发射、飞行和跟踪，都需要世界时和原子时的高精度时间同步，需要用原子标准时间和频率进行控制。此外，在无线电频谱校准、高容量数字通信、无线电波传递研究和相对论的检验等工作中，时间和频率标准都有广泛的用途。

时间服务主要分为世界时服务和原子时服务。

世界时服务 大致可以分为采用原子时以前和以后两个时期。在采用原子时以前，从事时间服务的天文台利用大量的天文测时资料进行误差（包括系统误差和偶然误差）处理，求得精确的世界时。由于天文测时和大量的数据处理费时较多，天文台总是每天先按世界时的近似外推值，用无线电时号的形式发播出去，再根据事后测算的精确世界时对过去已发播的近似值进行修正。这种修正通常是用时号改正数的形式在授时公报中刊布出来，一般在无线电时号发播以后的两三个月发表。有时为了满足一些部门的急需，天文台也同时发表一些延迟两三个星期的快速时号改正数，但精度略低。时号改正数是世界时服务的最后成果。为了提高世界时服务的精度，同时提供世界时的标准，需要将许多天文台所制订的时号改正数进行综合处理，或者直接利用这些天文台的天文测时资料进行综合处理。这样得到的时号改正数称为综合时号改正数，它可以作为某些国家的乃至全球的世界时标准。在采用原子时以后，无线电时号一般均按协调世界时或原子时发播，不再发播精确的世界时时号（仍有少数天文台继续发播），仅用特殊的加重信号在协调世界时或原子时时号中附带地将其近似值发播出去。在这种情况下，精确的世界时则是在将天文测时资料和协调世界时进行比较并进行数据处理以后以 UT1-UTC 或 UT2-UTC 的形式发表的，实质上就是提供世界时和协调世界时的精确差值的资料。目前世界时服务的精度为 ±1 毫秒左右。

原子时服务　这是以原子钟为基础进行的服务，将协调世界时或原子时（二者仅差整秒数）用无线电时号发播出去。时间服务机构根据自己的原子钟所发播的协调世界时或原子时称为地方协调世界时或地方原子时。通过各种时间比对的手段，将各地方机构的原子钟所示的原子时进行比较，经过综合分析处理可以得到协调世界时或原子时的标准。国际时间局所提供的原子时标准称为国际原子时。国际时间局定期发表 UTC_i-UTC 的资料，其中 UTC 为国际协调世界时，UTC_i 为第 i 个天文台所提供的地方协调世界时。

发播无线电时号所用的频率有超高频、甚高频、高频、中频、低频和甚低频等，其中主要是高频、低频和甚低频。通过通信卫星、导航卫星及电视网进行服务的，主要采用超高频和甚高频。高频和甚低频时号及脉冲式低频信号（天波模）主要靠电离层反射，因此精度不高，但传递较远，所以仍然被广泛采用。为此，预测电离层等效高度，改正电波传递时延也是时间服务中的重要工作。其他不依靠电离层传递的时号，虽然精度较高，但需要对大地电导率、大气折射率进行研究和预测。

中国从 1959 年超建立综合时号改正数系统。目前中国科学院国家授时中心承担国家的授时任务，保持着我国高精度的原子时基准。

[六、协调世界时]

以原子时秒长为基础，在时刻上尽量接近于世界时的时间计量系统。

协调世界时的产生　近代科学技术对于时间计量的要求，包括两个方面的内容：时刻和时间间隔。大地测量、天文导航和宇宙飞行器的跟踪、定位，需要知道以地球自转角度为依据的世界时时刻；而精密校频等物理学测量，则要求均匀的时间间隔。20 世纪 50 年代末，铯原子钟进入实用阶段以后，各国的时间服务部门都以它为基准发播标准时间和频率信号。这就面临一种困

世界时钟

难局面：要用同一个标准振荡器同时满足性质不同的两种要求。为了解决这个矛盾，在 1960 年国际无线电咨询委员会和 1961 年国际天文学联合会的会议上，提出了协调的具体方案，即规定采用一种介于原子时与世界时之间的时间尺度，用于发播标准时间和频率信号。这种时间尺度是世界时时刻与原子时秒长折中协调的产物，所以称为协调世界时（UTC）。

1960 ～ 1971 年，协调世界时以原子时为基础，通过频率调整（又称频率补偿）和无线电秒信号突跳（又称跳秒），使其所表示的时刻与世界时 UT2 的时刻之差保持在 ±0.1 秒（1963 年以前为 ±0.05 秒）以内。每年的频率调整和跳秒的数值，由国际时间局根据前一年的天文观测来确定。

新的协调世界时　1972 年以前的协调世界时，由于采用频率调整，它的秒长逐年变化。这给实际应用造成许多不便。为此，国际天文学联合会和国际无线电咨询委员会在 1971 年决定，从 1972 年 1 月 1 日起采用一种新的协调世界时系统。新系统中取消频率调整，协调世界时秒长严格等于原子时秒长。

日内瓦街景

必要时作一整秒的调整（增加一秒或去掉一秒），使协调世界时时刻与世界时 UT1 时刻之差保持在 ±0.9 秒（1974 年以前为 ±0.7 秒）以内。跳秒调整一般在 6 月 30 日或 12 月 31 日实行。增加一秒叫正跳秒（或正闰秒），去掉一秒叫负跳秒（或负闰秒）。为了使协调世界时与原子时在时刻上保持整秒的差数，在新旧协调世界时系统过渡时作了 -0.10775800 秒的调整，即规定旧系统 1971 年 12 月 31 日 23 时 59 分 60.10775800 秒瞬间，为新系统 1972 年 1 月 1 日的开始。

UTC 原来只是标准时间与频率发播的基础，近年来得到了广泛应用。1979 年 12 月初在日内瓦举行的世界无线电行政大会已决定采用协调世界时来取代格林尼治时间，作为无线电通信中的标准时间。